生态住宅

ECO HOUSE

PRACTICAL IDEAS FOR A GREENER, HEALTHIER DWELLING

Sergi Costa Duran

生态设计译丛

生态住宅

——实现更绿色更健康的住所

[西] 塞尔吉・科斯塔・杜兰 著
窦强 译

中国建筑工业出版社

著作权合同登记图字：01－2011－7381 号

图书在版编目（CIP）数据

生态住宅——实现更绿色更健康的住所／（西）杜兰著；窦强译．北京：中国建筑工业出版社，2012.10
（生态设计译丛）
ISBN 978-7-112-14640-6

Ⅰ．①生…　Ⅱ．①杜…②窦…　Ⅲ．①生态型－住宅－居住环境－建筑设计　Ⅳ．①TU241

中国版本图书馆 CIP 数据核字（2012）第 207972 号

责任编辑：戚琳琳／责任设计：赵明霞／责任校对：王誉欣　陈晶晶

生态设计译丛
生态住宅
——实现更绿色更健康的住所
[西] 塞尔吉·科斯塔·杜兰　著
窦强　译
*
中国建筑工业出版社出版、发行（北京西郊百万庄）
各地新华书店、建筑书店经销
北京嘉泰利德公司制版
北京盛通印刷股份有限公司印刷
*
开本：787×1092 毫米　1/16　印张：$9^3/_4$　字数：250 千字
2013 年 1 月第一版　2013 年 1 月第一次印刷
定价：98.00元
ISBN 978-7-112-14640-6
（22648）

目　录

新世界的新建筑

气候变化是我们现在和将来所面临的最令人担忧的社会环境问题之一。这一现象的影响遍及全球，根据科学家的预测，其可能产生不可预见的结果，包括恶劣的天气条件、动物迁徙模式的改变，以及水资源政策和法规的改变。基于这一原因，现代建造作为对全球变暖的影响因素之一，由于其环境影响不仅关系土地而且涉及气候环境，已经受到密切关注。这同样也是一个会对当地环境产生影响的问题，为此需要我们做出明确和令人信服的回答。现在，当我们决定购买一座住宅或进行住宅翻新时，正如我们购买一件产品或享受一项服务一样，我们的决定，比以往更为关键。

住宅是我们的第三层皮肤。它是一个将我们从自然环境中包裹起来的空间，但同样也是舒适和安全的场所。在这一场所中我们关爱和教育我们的至亲。也许这就是为什么家除了作为一种权益，也是一种与食物同等重要绝对的必需品。

几十年前我们就已经意识到住宅在人类进化中的重要性。其他特征诸如舒适或健康等都隶属于住宅作为庇护所的功能。一度房地产泡沫膨胀，为建造商、市政当局和各类投资者提供了大量的房地产生意。因此，在过去的 50 年中，准确地说是见证了对乡村的遗弃和城市发展的建筑业已经将提高产量置于居住品质和健康要求之前。这种做法已经导致越来越多恶劣环境的产生，这些毒害以挥发性物质、致癌材料、封闭的空间和能源浪费的形式存在。时间已经证明，正如今天一些国家当前的金融财政状况一样，基于地产的经济正处于“今大有面包吃，明天就要挨饿”的状况。显然，这已经对土地和社会产生影响，导致在深受影响的国家失业率的不断上升，导致作为房地产投机后果的许多城市郊区出现疏于维护的可怕景象。

不幸的是，我们今天居住的住宅中有一部分已成为这一不幸后遗症的受害者，其耗尽了资源，改变了我们生于斯的土地的面貌。应该重申的是，因为能源的浪费和规划基础设施的耐久性差，这一过程产生了巨大的碳足迹。作为回应，在发达国家已产生了节能和可持续绿色标准，尤其是在美国和加拿大，例如 LEED（美国绿色建筑委员会，www.usgbc.org）、LEED Canada（加拿大绿色建筑委员会，www.energystar.org）、BREEAM Canada（www.breeam.org）、C2C（Cradle to Cradle，www.mbdc.com）和 Energy Star（www.energystar.gov），这些标准对创造一个全新建筑文化都是有益和积极的。

本书阐述了这一建筑领域的新方向，也许现在看起来新奇的事物几十年后将很常见。这是一种接近最终被称为生物建造的房屋建造或翻修方法，一种使用可循环利用或对环境影响低的可再生材料，或使用能以低成本简单提取的材料的建筑体系。效率是衡量这一建筑方向的标准。本书的第一章专门介绍了多种可以在住宅中使用的更为清洁的技术，更重要的是怎样更好的利用它们。其后，用一个章节介绍了用于建筑结构、表层、地面和墙壁的天然材料。最后一个章节，逐个房间地向大家展示了实现绿色住宅的行动计划，以实现对水资源、能源和各种其他资源的节约和保护。

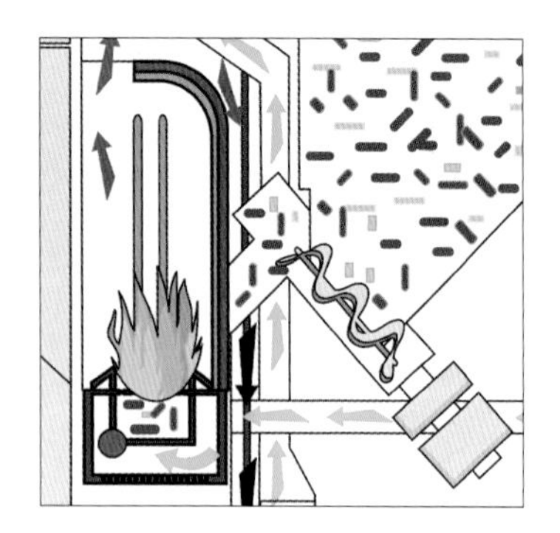

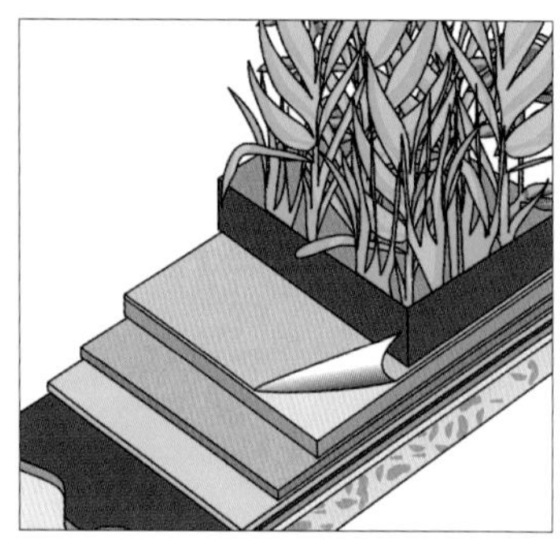

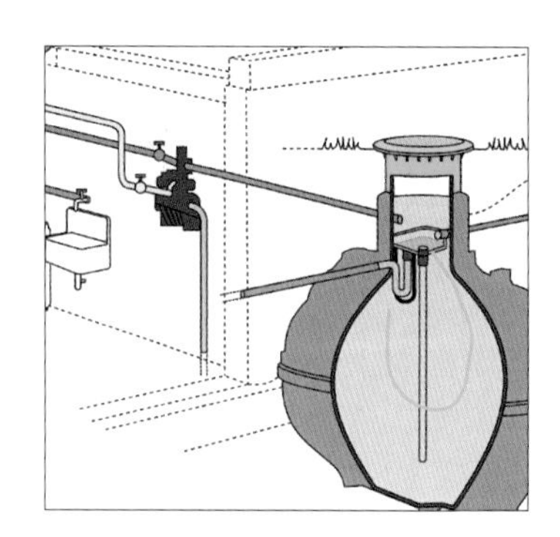

设计阶段的装置图示和生态气候设计的关键因素

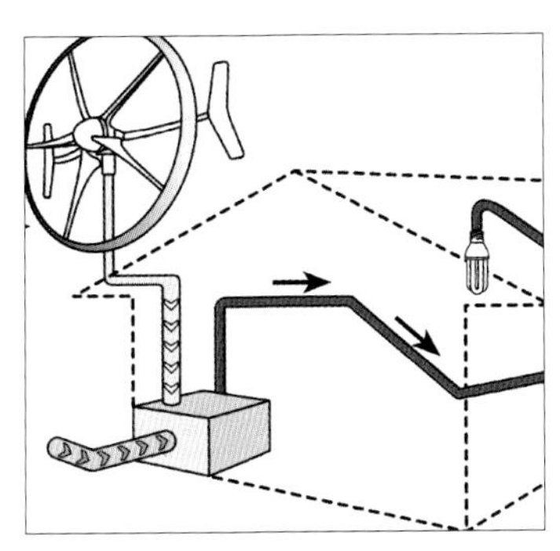

这一系列设计和图示帮助我们更好地理解健康住宅的生态气候设计的关键因素以及各种变化是如何能够显著地节约能源和水的消耗。多数设备应在住宅的设计阶段加入，其余的则可以稍后安装。在规划住宅能源需求时，建筑师和能源顾问的高效工作将有助优化这些资源的利用。

生态气候设计和健康住宅的 10 项基本原则

1. 主要建筑立面朝南。根据地理纬度设置屋檐，使其在夏天时提供遮阳，冬天时让阳光射入。

2. 房屋靠近落叶树，夏天时可提供遮荫。

3. 沿房屋南边设置玻璃覆盖的廊台以起到太阳能收集器作用。

4. 实心的墙体和材料具有更好的热惰性，能够积蓄更多热量随后释放。

5. 如果房屋有烟囱，推荐使用热风自吸入风罩，能够排出烟气和多余的热量，并防止其产生回流。

6. 在屋顶上安装铰接的天窗，在北墙面底部位置安装可调节的盖板。天窗可以使走廊、浴室、阁楼和其他房间得到采光。因为天窗可以开启和调整，夏天打开的时候可以排出热气，形成对流通风。

7. 墙壁使用天然隔热材料，屋顶使用透气性防水材料。

8. 尽可能使用本地建筑材料。

9. 房屋使用的材料要具备防辐射安全性，在任何情况下每年的放射量不得超过 180 毫拉德（mrad,辐射剂量单位），或不得释放能够引发肺癌等的惰性气体氡。

10. 房屋的电位差与环境允许的最大值应保持一致，在 120~300V/m 之间。因此，不应过多地使用会产生静电电荷的合成及磁性材料。

建筑的生态气候设计

1. 夏天
2. 冬天

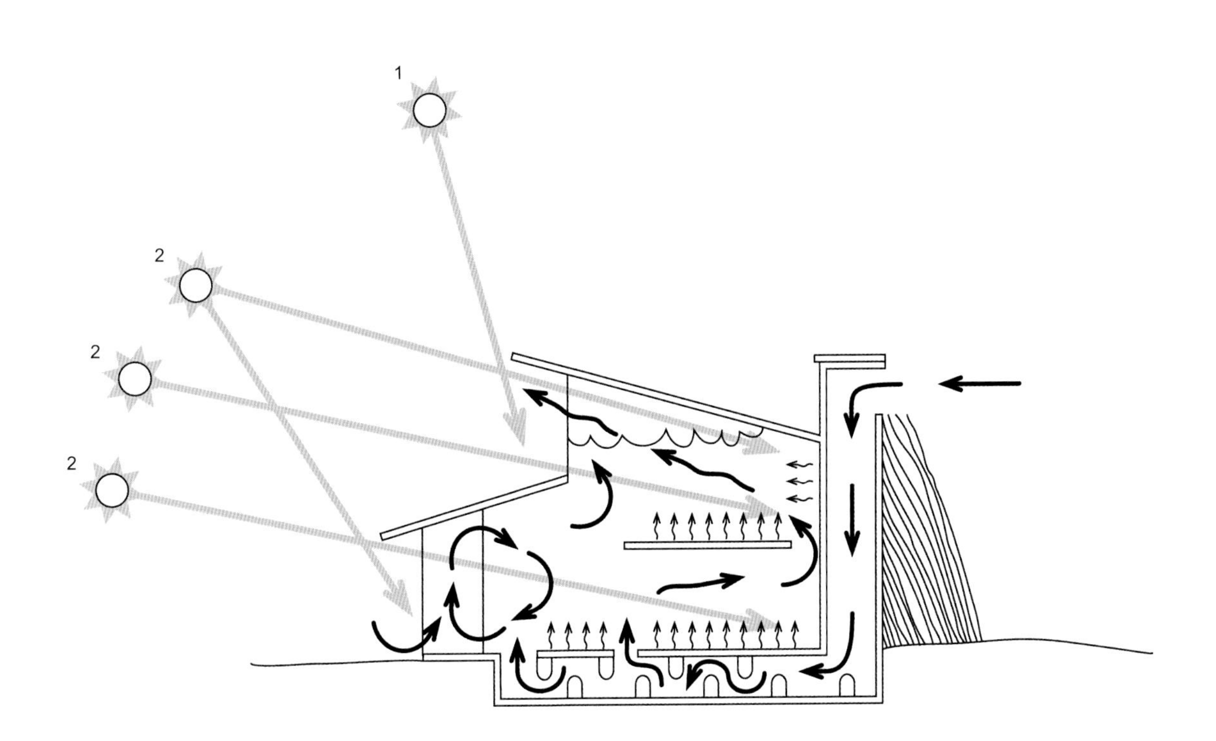

热回收通风系统

1. 太阳能光热板（自选）
2. 隔离层
3. 三层玻璃的低辐射窗户
4. 送风
5. 回风
6. 热回收通风系统
7. 地热交换器

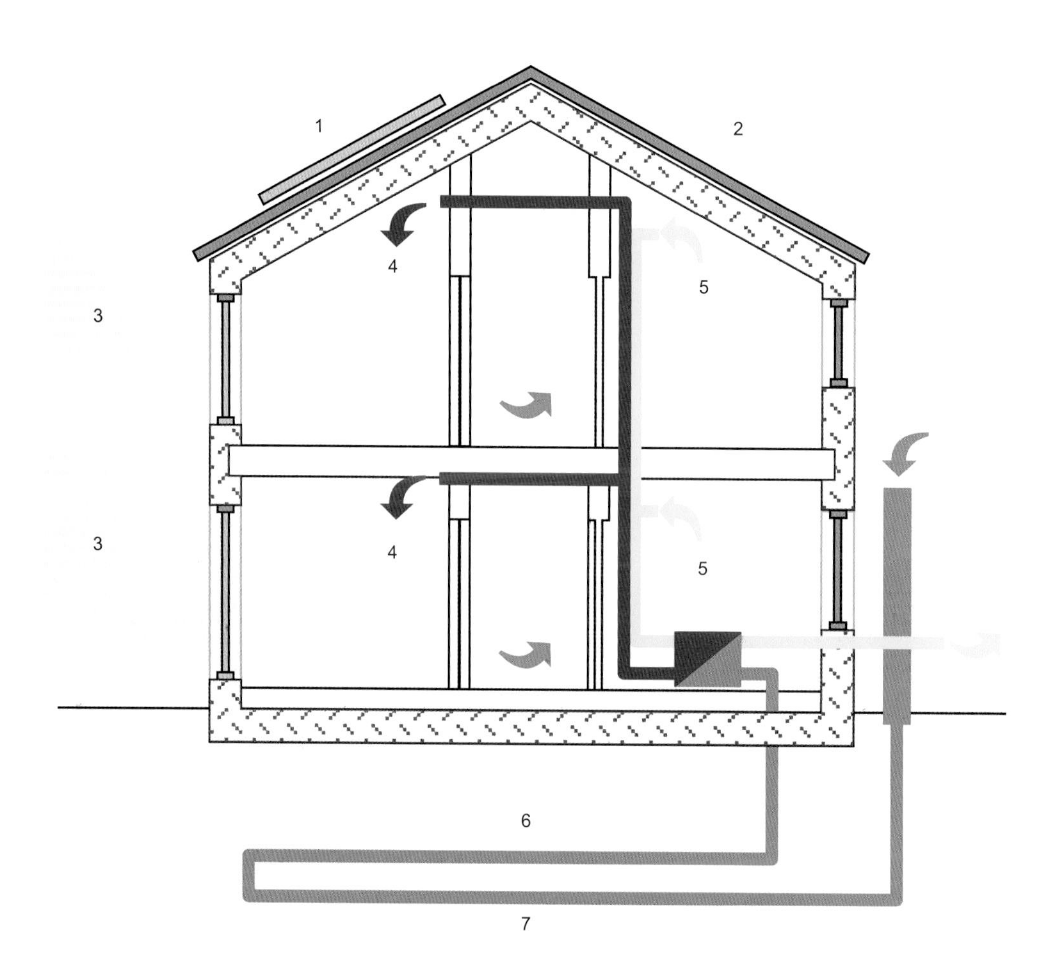

屋顶花园示意图

1. 植物覆盖层
2. 植物底土层
3. 排水薄膜层
4. 隔离层
5. 织物结构保护层
6. 屋顶防水层
7. 结构支撑体

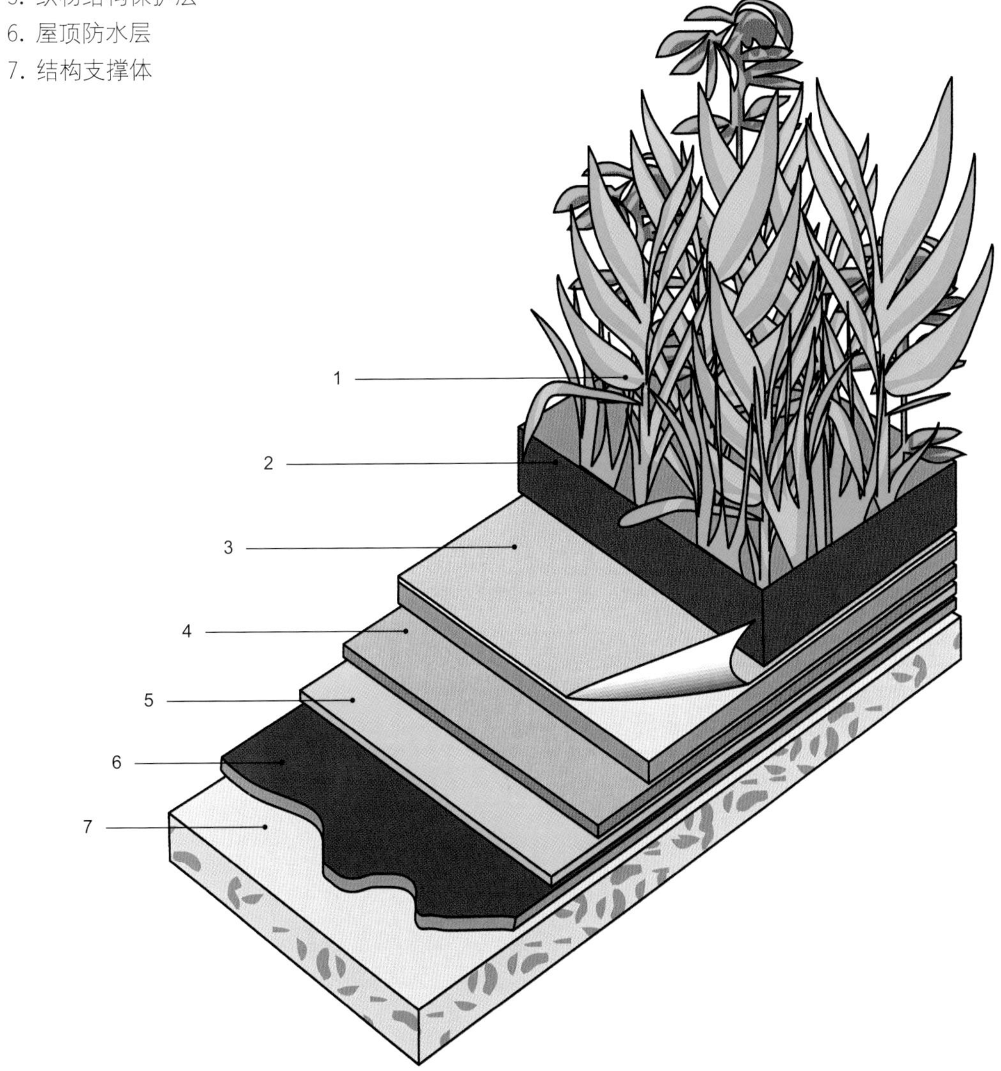

太阳能集热装置

1. 平板集热器
2. 地板采暖
3. 热水箱
4. 洗衣机
5. 厨房
6. 浴室

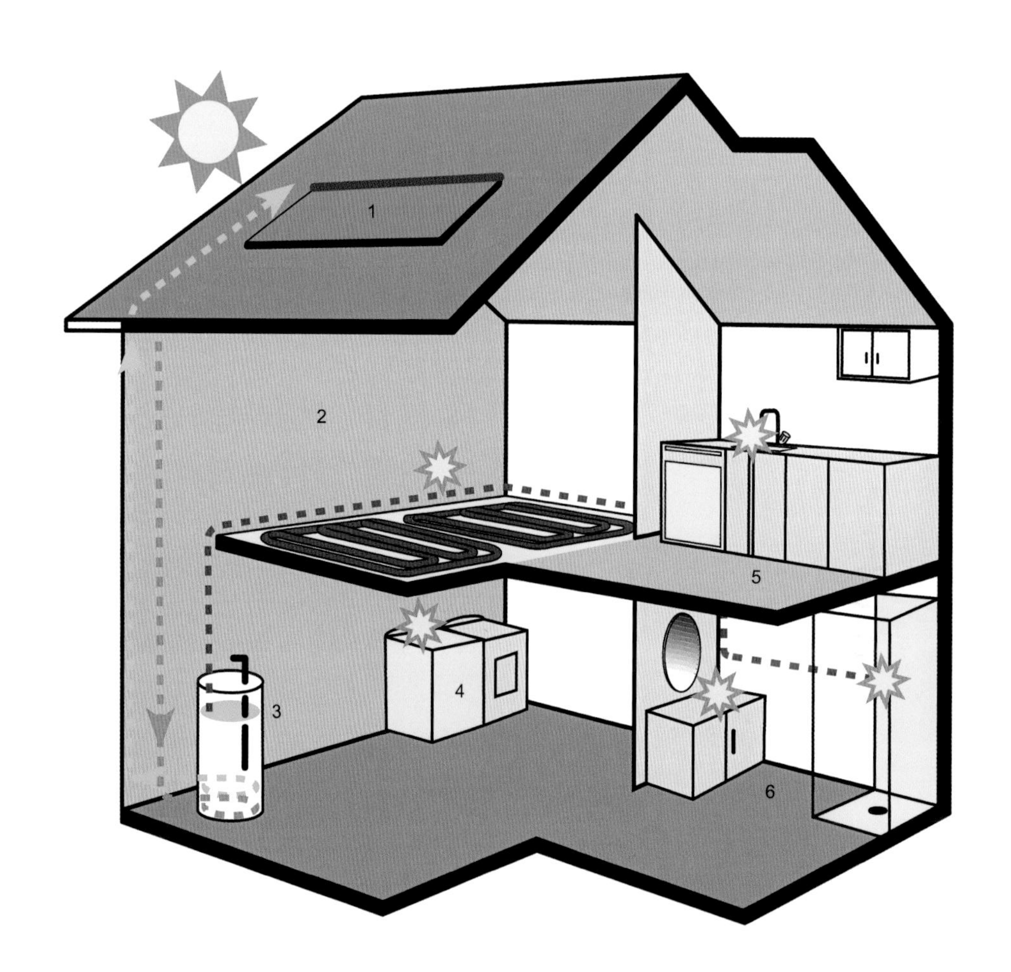

地热装置

1. 表层集热器：在地下 3~6 英尺（1~2m）处安装一个水平循环回路，这将占用较大空间。
2. 地热探头或垂直传感器：其占用较少的空间但需要较大的深度，在城市区域和居住街区使用较为理想。
3. 地热面板：在预制面板里安装回路，放置在地下 10ft（3m）深的沟渠里，占用空间小且造价便宜。
4. 地下水采集器：深度不超过 50ft（15m）的地下水也可以使用。
5. 土壤温度
   夏天 57 ℉（14℃）
   冬天 57 ℉（14℃）
6. 理想温度
   夏天 73 ℉（23℃）
   冬天 70 ℉（21℃）
7. 室外温度
   夏天 97 ℉（36℃）
   冬天 36 ℉（2℃）
8. 空气对流加热器
9. 热泵
10. 地板采暖
11. 常规的暖气片

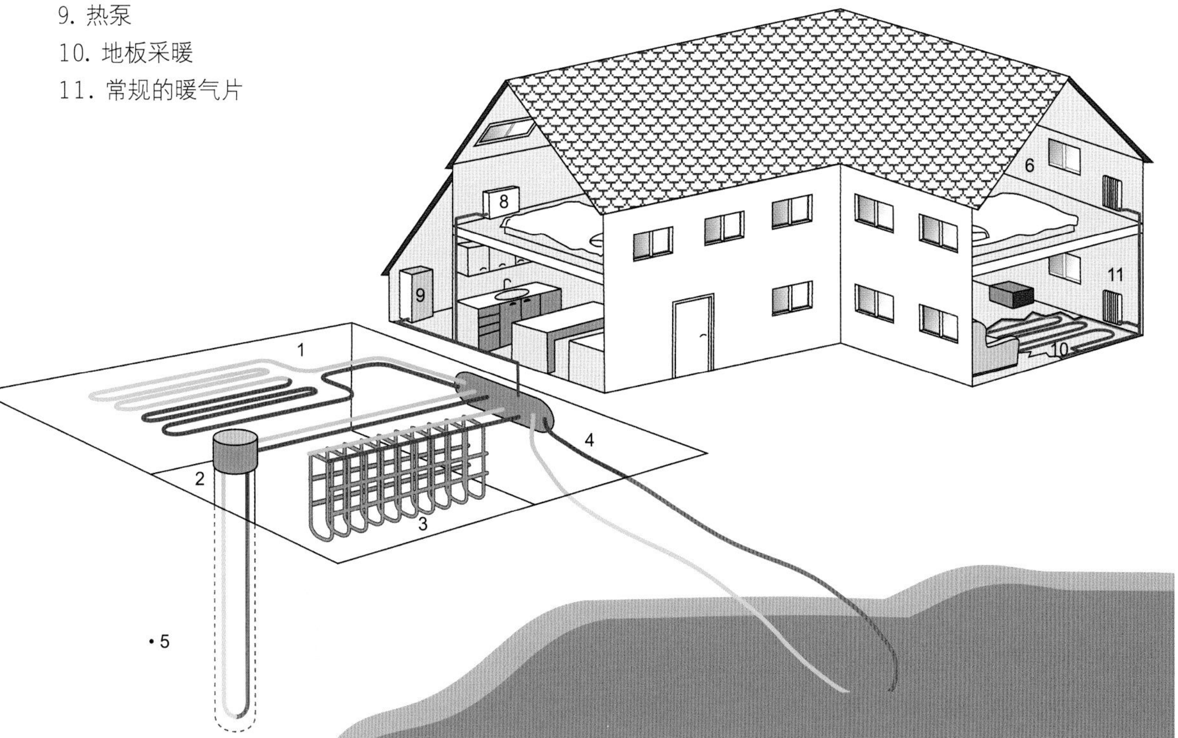

地板采暖

1. 陶板面层
2. 砂浆层
3. 管道及填充物
4. 聚苯乙烯隔热层
5. 结构层
6. 管道回路：温度在 93 ℉ ~115 ℉（34℃ ~46℃）的水在管道中流过。
7. 从地板中散发的热量能将室温加热至 64 ℉ ~72 ℉（18℃ ~22℃）。

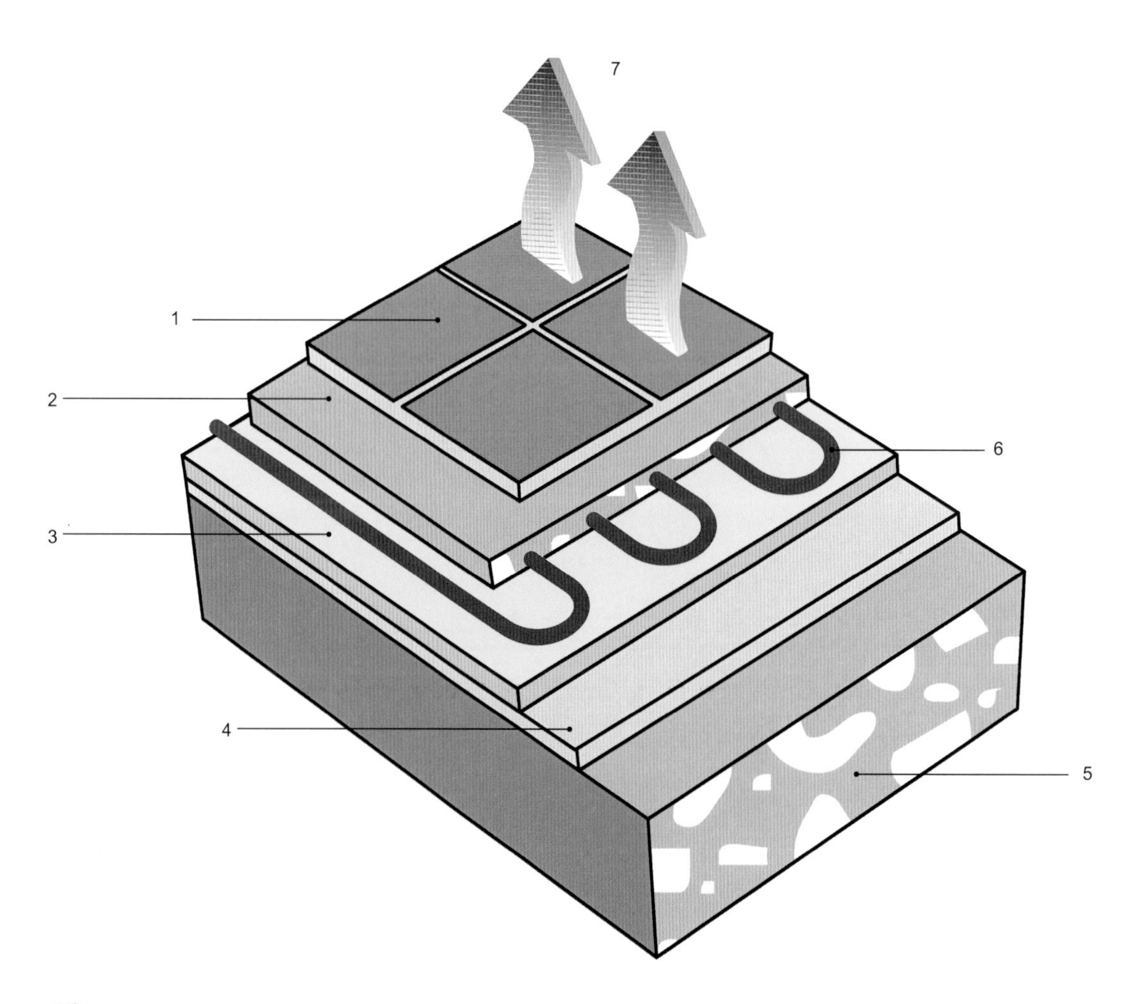

颗粒燃料炉的运行图示

1. 燃料箱（颗粒）
2. 燃料供应螺杆
3. 齿轮发动机
4. 燃烧炉
5. 可更换防电板
6. 排气管
7. 热风扇
8. 热空气排气口格网
9. 防护面板
10. 真空抽烟离心机

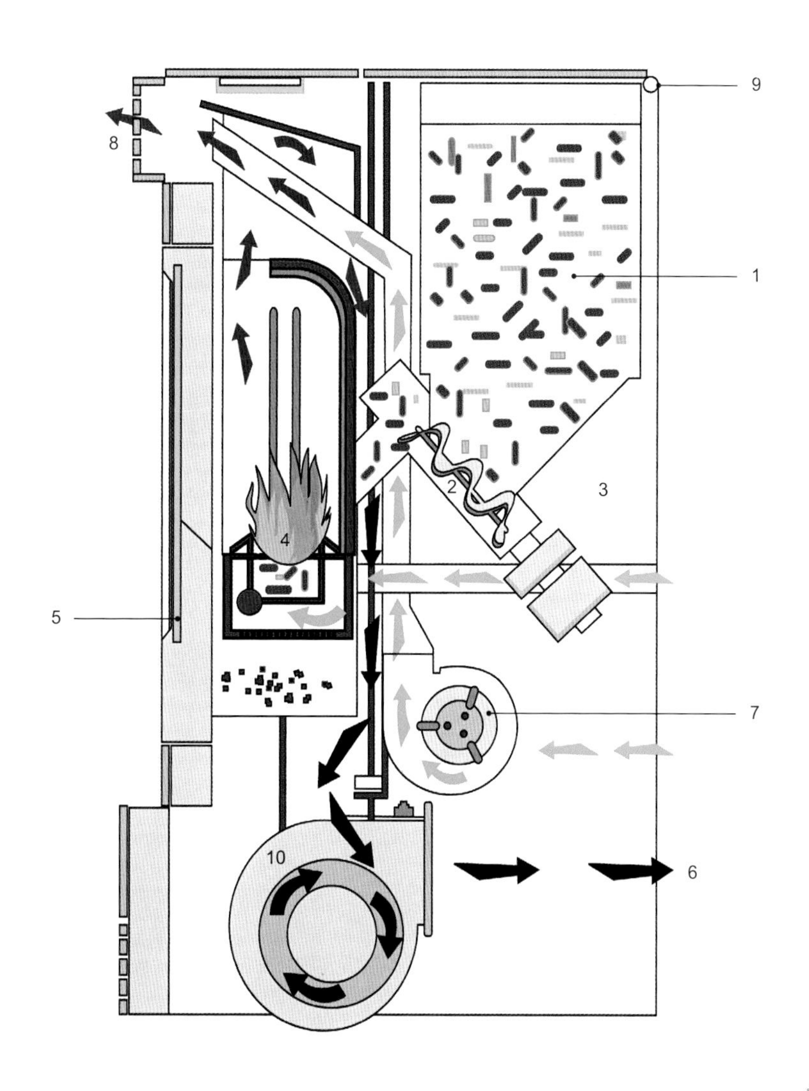

光电太阳能装置

1. 调节器：当光电太阳能装置安装在一座独立的住宅中，调节器能够防止电池漏电和超载。
2. 电流换向器：将从太阳能板输出的 12V 直流电转换成 50Hz、220V 的交流电。
3. 测量电表：测量电网中的电量和用电消耗。
4. 防止来自外界的电压波动对房屋的毁坏。
5. 电池：仅用于不能连接电网的独立房屋中。

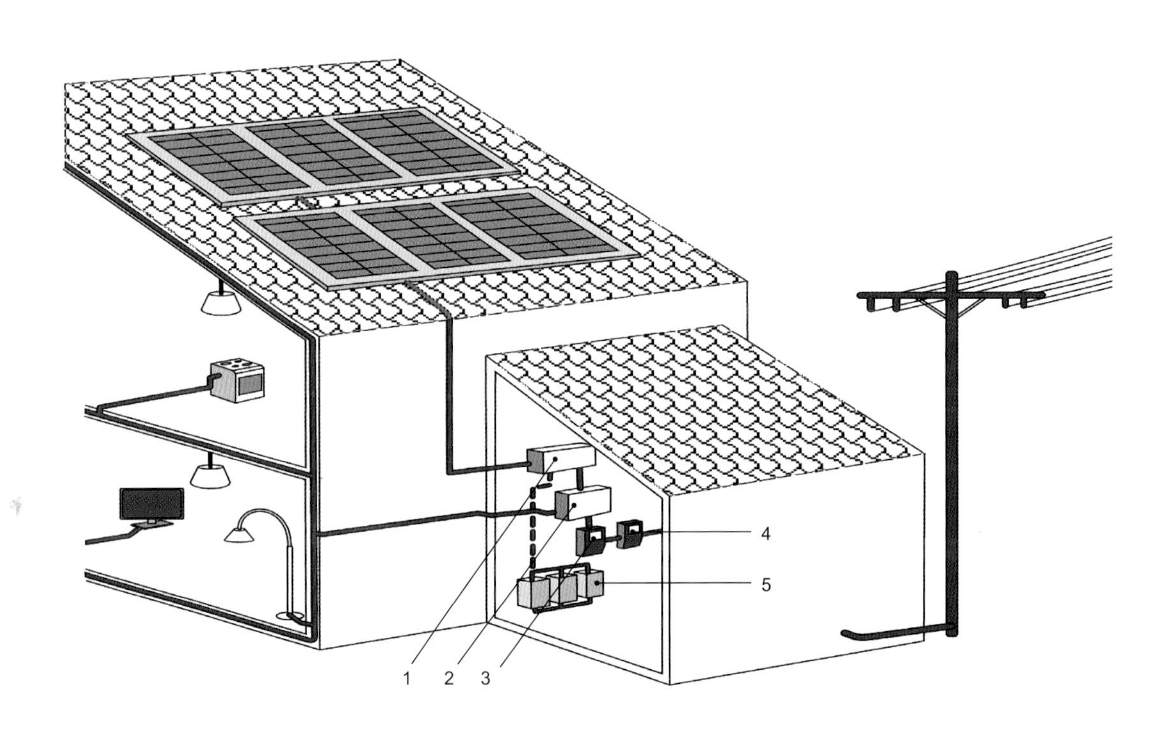

小型风力涡轮机的安装

1. 风力涡轮机
2. 家庭电力系统
3. 转换器
4. 电能输出端

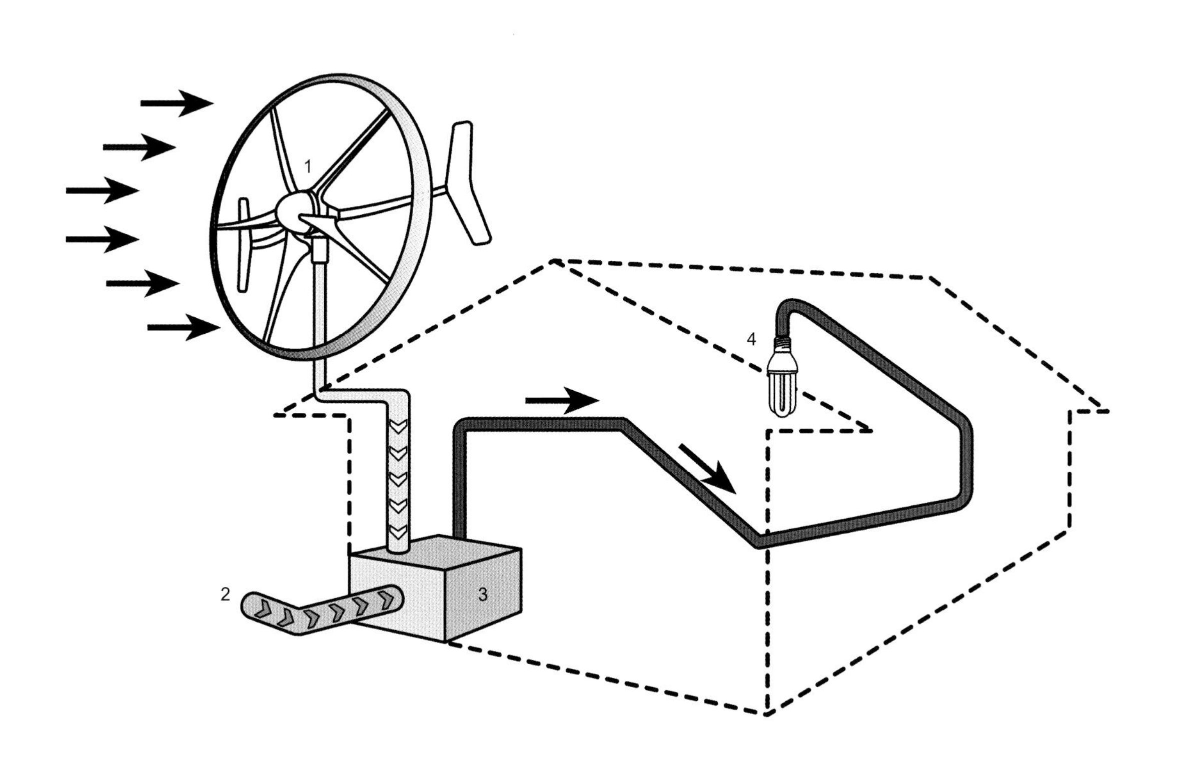

雨水收集系统

1. 水箱
2. 可伸缩聚乙烯罩
3. 过滤器
4. 抽水泵

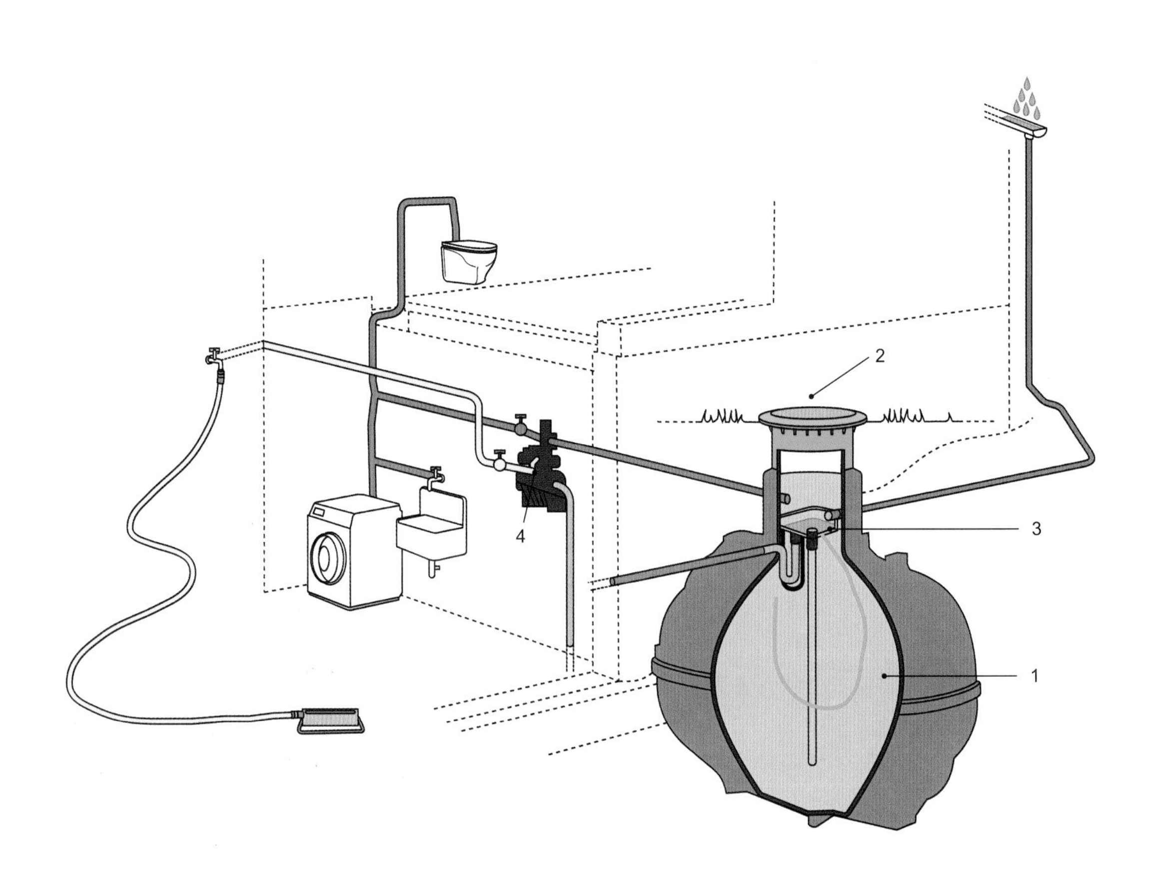

可再利用废水净化系统

1. 循环水可用于花园、卫生间或洗车
2. 过程控制器
3. 溢流排水管
4. 从卫生间和厨房流到下水道的污水
5. 从浴室和洗衣房排出的可再利用的废水

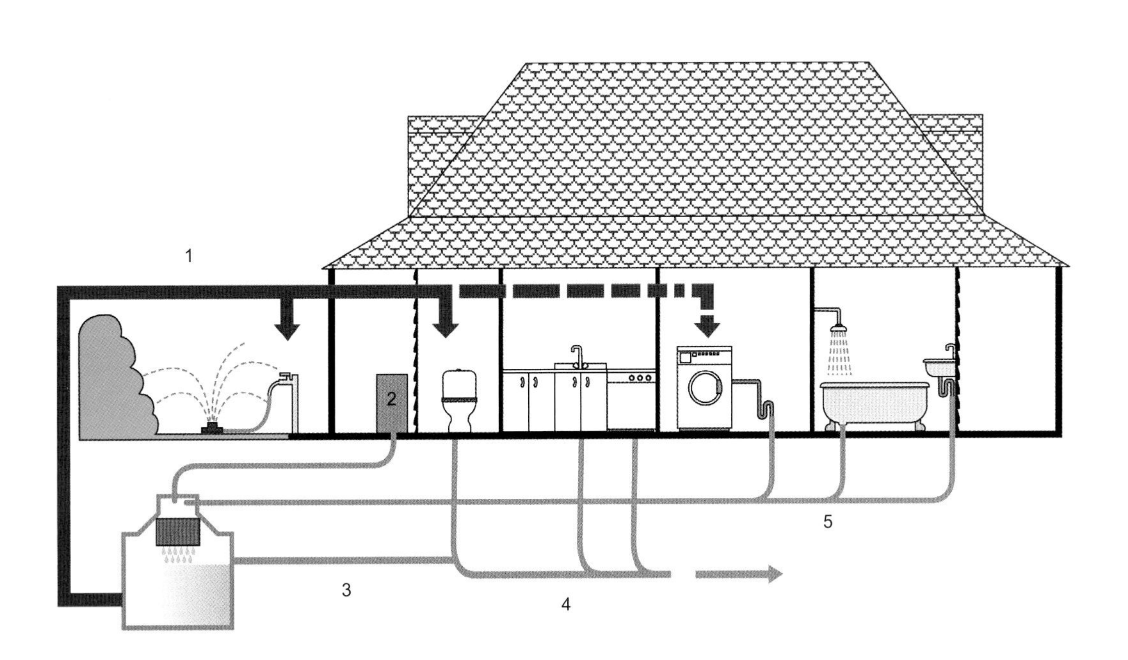

绿色住宅设计阶段的措施

对在房屋建造和运行阶段所耗费的自然资源、能源和水资源能否节省主要取决于设计阶段的措施。当一幢住宅经过良好的设计，由于计划不周所引起的可导致房屋在使用全寿命过程中不能实现其最佳性能的仓促决定是可以被避免的。

设计越是注重生态气候，越要最大化利用那些基于场地限定的朝向、纬度和气候的措施。这些措施被称为被动策略，应尽可能优先于主动策略（如光电太阳能、地热、地板辐射采暖等）。虽然主动策略能够高效的满足需求，但仍会消耗能源，这是因为这些设施在实施前还必须经过加工制造的过程。

结构和外墙

建筑的结构，尤其是表皮，对于节能至关重要。与人体进行类比，一些作家将家称为“第三层皮肤”，如同作为人体第二层皮肤的衣服，一定要能够呼吸。并且又正如第一层的人体真实皮肤，能够保护我们但任何时候都不会将我们与外界隔离。第三层皮肤越健康，我们在室内呼吸的空气质量越好。以下是几种高效节能的建筑表皮。

砖坯

砖坯是由泥浆（黏土、沙子和水）制成的，有时候会混合稻草麦秆、椰子绒或动物粪便，模制成砖并在阳光下晒 25~30 天。混合物的主要成分是 20% 的黏土和 80% 的沙子和水。它的建材能耗是 170btu/Ib（btu 为 British Thermal Unit 缩写，0.4MJ/kg）。建筑材料的能耗越大，在生产它们的过程中消耗的能量越多。

砖坯是一种很好的隔声材料，并且有很高的热惰性，这样就能控制室内温度，保持冬暖夏凉。砖坯中植物纤维的成分会招致白蚁。

如果能够良好地建造和维护，砖坯建筑耐久性可达上百年或更长。为了避免出现裂缝，稻草麦秆、马鬃或干草被加入到泥浆中，起到骨架的作用。如果是在室外使用，建议用在少雨的地区。

砖坯的替代材料是夯土，乃是将大块的黏土在用来制造墙壁的木制模具中夯实，正如图片中的这座澳大利亚住宅的内墙。用来制作夯土结构的模具是由中间隔开一定距离的两个平行的板构成的土墙。最常见的模具规格是 5ft(1.5m)长，3ft(1m)高和 1.5ft(0.5m)厚。制造夯土墙可以加入强化材料，如稻草、肥料或石灰。

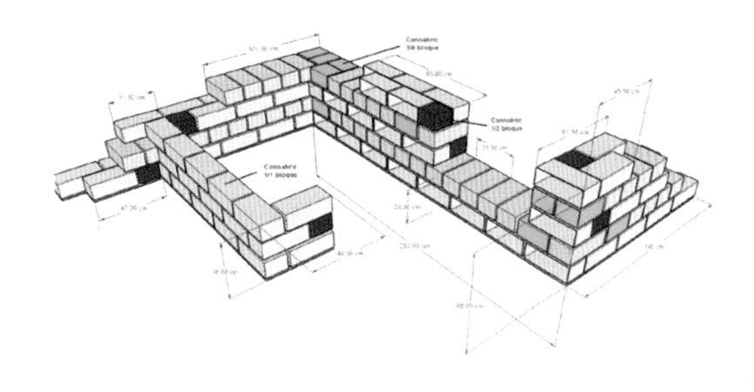

砖坯的另外一种天然替代材料是"Cannabic"，一种 20 世纪 90 年代末期产自西班牙的墙体实心砌块。"Cannabic"是由没有使用杀虫剂和除草剂的植物材料、天然胶粘剂、矿物质和可回收利用的集岩块组成，其每平方英尺的大麻纤维含量达到 20Ib(9kg)。

"Cannabic"利用大麻纤维的隔热特性(热传导性达到 0.008W/ft.℉或 0.048W/mK)，远好于木材的特性。砌块中的矿物质为建筑提供了机械强度、密度和高热惰性。这种砌块不是烧制的，而是在空气中自然风干至少 28 天制成的。

天然石材

石材是高档而卓越的建筑材料。最为广泛使用的结构石材有花岗岩、片麻岩、砂岩、石灰岩、大理石、石英石和页岩。这些石材用于建造基础、墙壁、建筑外墙和作为一种建筑元素。多孔石材不如高密度石材坚固耐久。本地取材的石材的耗能量是 2500btu/Ib（5.9MJ/kg）。

使用石材的优点：

- 坚实耐久并且易于维护
- 良好的隔声性
- 良好的热惰性，能够保持厚度大于 20in（50cm）的墙体的温度稳定
- 有效阻隔夏日的炎热
- 保暖性

使用石材的缺点：

- 建造速度慢，人力消耗大
- 有因受潮而损坏的风险。在霜冻天气下，石材内部的水分冰冻膨胀会导致石材出现裂缝
- 石材资源被过度开采
- 石材的切割和打磨高度消耗能源，同时产生大量废料

这座住宅的外墙面使用了花岗岩石材，给建筑创造出一种纪念性的氛围。使用仿生学的手段，建筑被设计成如溶洞般。溶洞是岩石上的洞穴，当矿物质溶解在地下水中时就会在溶洞中结晶。与其他用于建筑幕墙的石材相比较，花岗岩的放射性非常高。

最绿色的维护石材方法是用温和的硅酸钠或硅酸钾溶液来清洗石材，干燥后使用氯化钙溶液来清洗。这两种溶液称为“Szerelmey”液体。这种硅酸钙溶液形成一种可以保护石材的不溶解层。

石灰石是一种由碳酸钙构成的石材。它具有低强度地面辐射中和特性，但会与青苔产生不良反应。在户外使用石灰石时，建议将墙体用白灰浆涂饰增强防潮和隔绝作用。

坚固的页岩，例如沥青或硅酸页岩可用于建造屋顶。在这座位于智利面朝太平洋的小住宅中，设计师为保持房屋与周围环境的协调而使用了天然材料。
页岩的耗能量是15100btu/Ib（35.1MJ/kg），通常由85%的原材料和15%的树脂材料和聚酯纤维制成。与其他石材一样，页岩是可再生的天然材料。

页岩也可用于室内和室外的地面材料，是一种既防滑又易维护的耐久性材料，可被切割成正方形、矩形、三角形、不规则形状或任何个性化的形状。

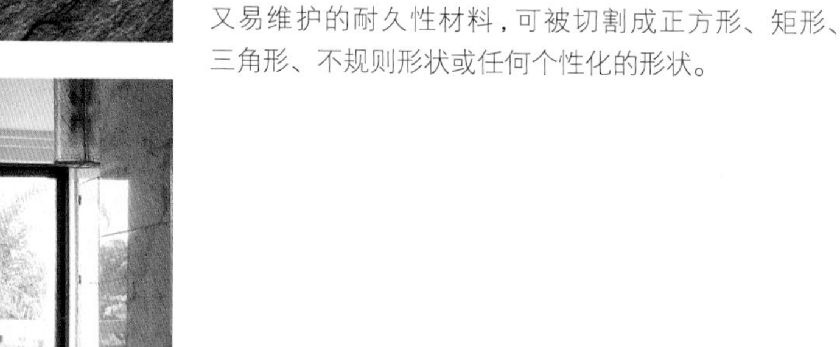

大理石是一种碳酸沉积岩，通过变质过程形成高度结晶。大理石比石灰石更坚硬、稳固和持久。大理石易于处理，但暴露在恶劣大气环境中易失去光泽。

天然石材可根据设计的需要进行切割。这座位于巴西的小住宅的外墙是由取自于本地的石板横向铺砌而成。

稻草

稻草是一种低耗能的建筑材料，也是对环境最友好的可以用于建造住宅的材料。茅草屋可追溯到20世纪初期的美国。成捆的稻草，作为农业和经济发展的副产品已经用于隔断墙。现在，这种材料在加拿大、美国和欧洲的部分地区备受欢迎。

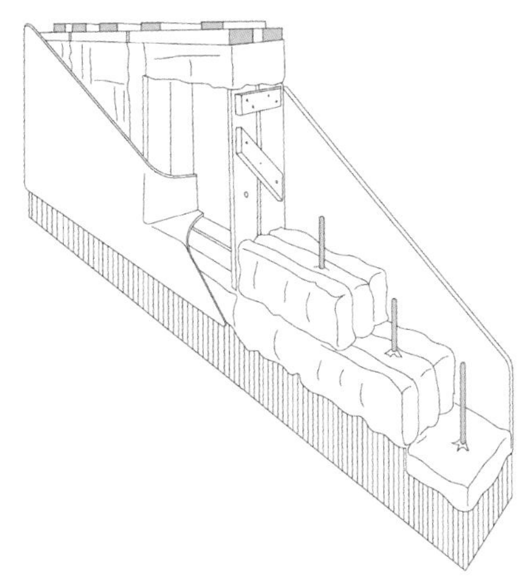

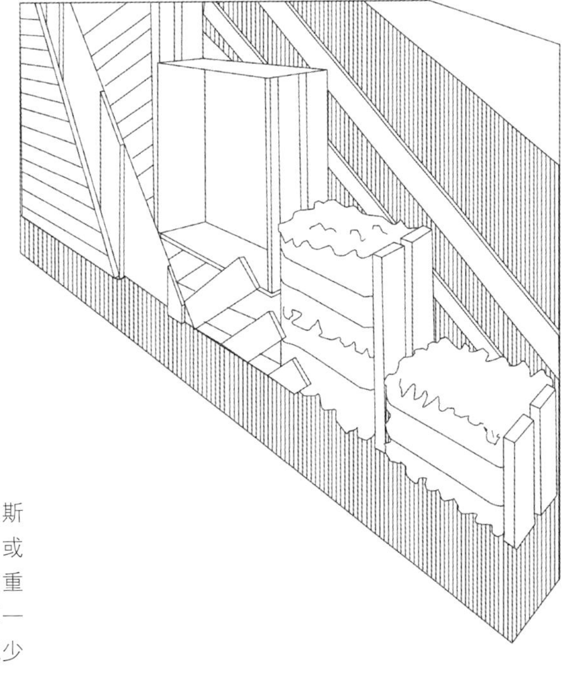

使用稻草建造房屋主要有两种系统：一种是内布拉斯加州（Nebraska）模式，稻草起到承重墙的作用，或者是柱梁模式，有一系列的柱子和横梁支撑屋顶的重量。当然也有综合运用两种样式的可能性。对于第一种模式，稻草包的尺寸大小是相当可观的，这会减少房屋的使用面积。

稻草捆用塑料绳手工捆扎。一旦平面使用位置确定，建造工作会暂停直到材料被放置就位。稻草捆会被进行压缩处理，从而使内部的空气量不足以支持材料燃烧。如果妥善维护，稻草捆建造的房屋可保持 100 年。

建造稻草房屋需要专业的指导和帮助。即便是在稻草房屋常见的国家，找到技术熟练的建筑工人也是很困难的。应严格遵守相关结构和防火规范。至关重要的是稻草不能受潮，否则会腐烂或发霉。在稻草垛和地面之间不能留有缝隙，因为这些缝隙会成为啮齿类动物的繁殖之地。

在这幢位于瑞典的住宅中，麦秆垛结构的内外被粉刷了一层石灰浆（推荐涂层最小厚度为 0.75in（2cm））。

这座位于加拿大的房屋的北面外墙同样应用了稻草材料，石灰粉刷的外墙利用了材质的良好隔热和隔声特性。甚至在气候寒冷的情况下，稻草也能使室内温度得到良好控制。

如果部分稻草出现腐烂，只需进行移除并替换新鲜的稻草（紧紧压实）。经验证明，如果部分墙体受潮，通常是容易找出的，不会影响其余的稻草。

木材

人们普遍认为使用源自植物的木材作为一种建筑材料是对生态环境友好的。但问题是要清楚木材产自何处，是如何被开采加工的。如果没有绿色认证，这些是很难被知晓的。

在我们的住所中使用的大部分木材源自何处？软质木材通常来自欧洲和美国。硬质木材源自欧洲（主要是法国）和美国。多数的橡木产自俄罗斯，桉树则大多来自拉丁美洲。最后，杂木材料产自世界各地，尤其是中国。

作为一般性建议，木材越是就地取材越好。

森林至关重要的作用不仅在于它能够吸收二氧化碳，而且还能控制水土流失，促进水分在土壤中的渗透，并有调节降水的功能。

目前，由森林管理委员会（Forest Stewardship Council）这一个国际组织（FSC）所创立的标志成为确保用于建筑结构、覆面、地面和家具的木材来自可持续发展的林场的最可靠的认证之一。

位于英格兰的这座海角房的结构是由落叶松木和橡木制成。取材于本地，减少了运输距离，由此降低了产品的碳足迹。常用于建筑房屋的其他木材有：杉木、栗木、柏木、山毛榉和松木。

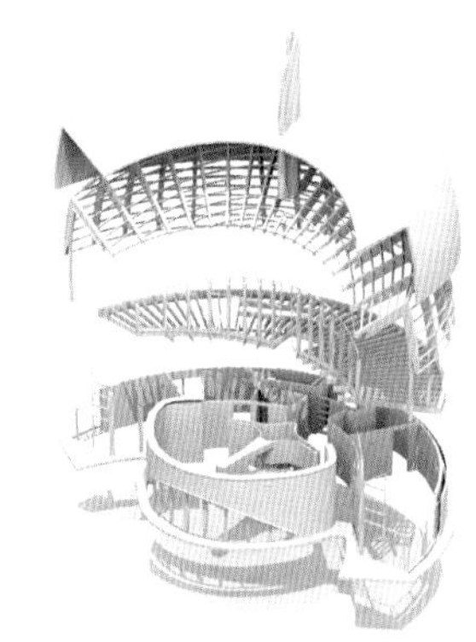

这是海角房涂刷了石膏灰泥后呈现的最终效果，石膏灰泥为这个建筑起到了热隔离的作用。其他能够提高保温板效果的选择是：椰树纤维、软木材料或再生纸。木制房屋结构的持久性取决于所使用的木材和房屋的维护。一般来说，如果木材经过良好的烘干处理和防虫处理，房屋的寿命可超过 50 年。如果木材顺其纤维纹理切割，那么一块木材的强度可以达到相近尺寸混凝土板的强度，而且具有更高的弹性。

在墨西哥，森林工程师Mario Alberto Tapia Retama使用集装架板材搭建了房屋的结构，然后使用厚纸板作为房屋的隔离材料。这种解决办法在经济仅能维持生存条件的地区比较典型，在一些发展中国家比较常见，但这些解决办法说明只要动用一些智慧和具有良好的材料再利用文化时，我们可以自己建造住所。

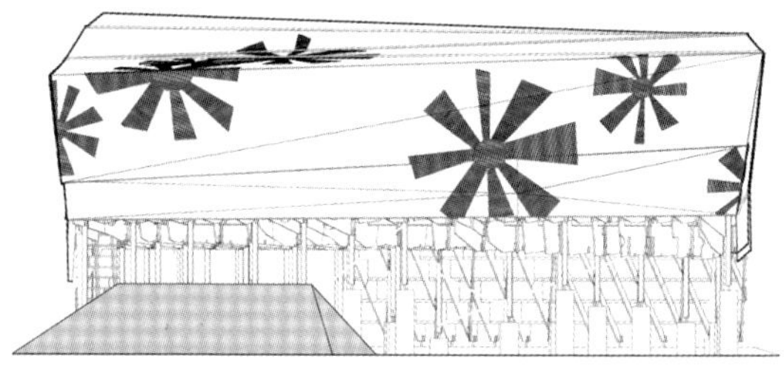

木制的预制结构可以使用最新的切割技术成型。一个实例是这座由澳大利亚体系建筑师（System Architects）设计的Burst 003建筑原型，包括了一组由激光切割的合成板组成的肋型结构。每块肋型结构板都被事先编号并根据所在位置进行切割。建筑的外壳表面由雪松木制造而成。

竹材

竹子是一种木本草科植物，每七年自我更新一次。如果适当地进行培养，竹子的生长不需要杀虫剂和化肥。竹子的生长取决于它的种类，有的种类每天可生长 3~15in(8~40cm)，在 3~4 个月时间内可长到 130ft (40m)。

竹子可用于柱子、屋顶、天花板、墙体和建筑覆面。如果竹子被用于结构，需要对其最大强度和弹性做限定 (竹子颜色越深，质地就越软)。在拉丁美洲和亚洲，编制的藤条材料会在捆扎结构中使用。如用于建筑覆面，可以使用嵌板。

竹子建筑物也会产生其环境问题。为了确保其自给自足，天然森林被砍伐用来为种植竹子提供土地，或者为了提高产量，在种植过程中使用了肥料和杀虫剂。因此，应该使用由 FSC 组织认证的竹子制成的木镶板或层压板。

竹子可用来制造建筑的栏杆扶手和楼梯。在这张图片中可以看到竹子与云杉木 (主体结构) 和红木 (阳台) 的综合使用。

砖材

砖是一种陶土材料，由黏土或黏土混合物塑造成块状，然后在阳光下风干固化或经过烧制而成。在砖石建筑中被用来建造砖砌体结构，不管是墙体、隔墙还是建筑外立面。

与同样是含有黏土的土坯不同，砖是一种深加工产品，因此具有较高耗能量：1075btu/lb(2.5MJ/kg)，比土坯高出6倍。

砖的工业烧制是在温度1650℉~1830℉(900℃~1000℃)的砖窑中进行，因此，虽然砖的成分中包括天然材料，但其产生的有机废物较少。

砖墙具有高热惰性。在这个示例中，位于英国的这幢住宅的内墙利用嵌在墙中的壁炉产生的热量。地板是由产自本地的约克瓷砖铺装，使用由地热能源供热的地板采暖方式。

Piera Ecoceramic 公司销售的生态缸砖(Ecoclinker)是一种裸露的陶土砖，使用沼气作为能源烧制而成。沼气是一种天然能源，产生于有机物质的无氧燃烧(如食物残渣和森林生物量)。使用这种能源进行加热，生态缸砖与其他类型的砖材相比具有相对较低的能耗。据介绍，二氧化碳排放减少了35%，相当于少排放了17000t二氧化碳。

生态缸砖有两种规格：10.6×5.2×1.8in（27×13×4.5cm）和 9.4×4.5×1.9in（24×11.5×4.8cm）。它的抗压能力是 3.6t/in^2（55N/cm^2），可用于通风的自支撑结构的建筑外墙和住宅用地的围墙。

生态手工砖（EcoManual），也是由 Piera Ecoceramica 公司生产的，可用于清水内墙，例如起居室的内墙。因为使用了沼气作为热源来进行砖的烧制，所以这种砖的生产过程极大地节省了能耗，并减少了二氧化碳排放。

蒸养黏土砖（Thermoclay）是一种低密度的陶土砖。由于在黏土混合物原料中添加了发泡的掺和物，掺和物在砖的烧制过程中当温度超过 1650 ℉（900℃）时会汽化，这不产生废物，并在砖体中形成均匀分布的气孔。蒸养黏土砖的构造和精心设计的几何形体使得用该材料建造的单层墙在某些方面有着与多层墙同等或者更好的性能。这种材料有良好的隔热和隔声作用，以及具有足够的机械强度，在欧洲的部分地区可以被用来建造承重墙。

最新开发的蒸养黏土生态技术被用来优化使用蒸养黏土砖的墙体的隔热性能。图片展示了两种不同的蒸养黏土砖形态。

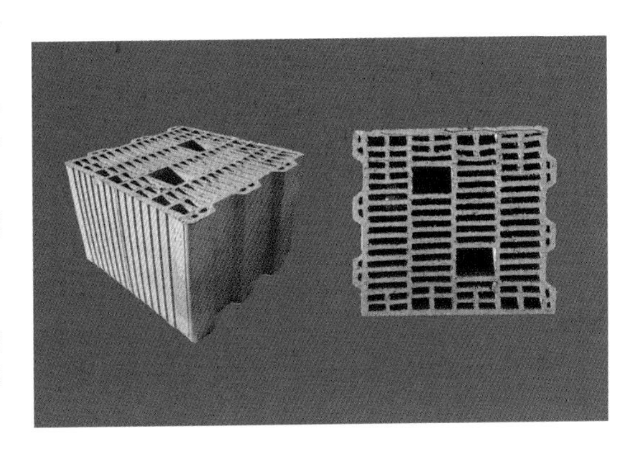

绿植墙

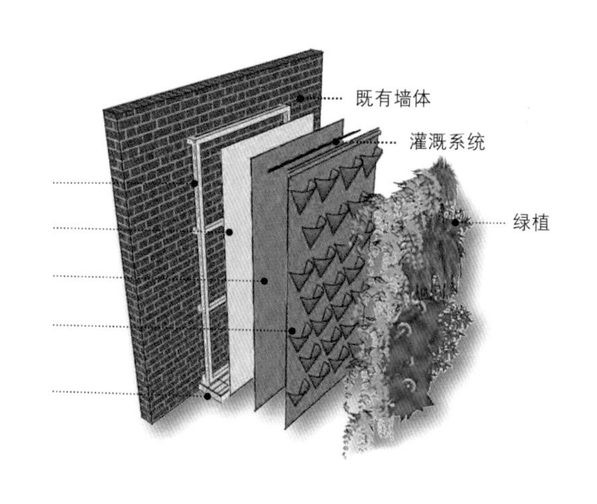

绿植墙不能被看作是房屋的结构元素，而是作为审美和功能的辅助手段，因为它能够起到隔热和隔声的作用，此外还能净化室内空气。同时，绿植墙可以作为两边都覆盖植被的隔墙。

绿植墙系统由一个结构支撑构成，由一个可控的灌溉系统来培育植物。植物生长在一种水载介质上无需土壤，同时这种介质经过设计可使湿气不会影响所附着的墙体。取决于植物使用的种类，绿植墙经过六至八个月的时间才会达到最佳状态。

地面材料和木制构件

选择住所的地面材料或木制构件时，其来源和在全生命周期过程中的环境影响是非常重要的。涉及木制构件，一定要做出明智的选择。应选择能防止热桥问题产生的木制构件，同样应该选择能够支持安装由可再生能源供给的地采暖系统的木制构件。这样的选择能够实现有效地节能和最佳的住所气候控制。

木材通常用来制作门。此时或用在窗户当中时，我们必须确认木材是经过 FSC 或其他机构认证的，以确保木材的合法来源。

木材、铝和聚氯乙烯是制作窗框使用的三种不同材料。在这三种材料中，只有木材可以称得上是令人满意的生态家居材料。木质窗户的生命周期可达到 50 年，而且木材可以被修复以持续使用更长的时间。木材有很好的隔声特性，并且可以保持住所的温暖。

聚氯乙烯框材尽管造价低廉，但因其含有氯而不推荐使用。由于暴露在高温和紫外线下，这种材料还会与阳光产生化学反应。铝含有较高的耗能量（86000btu/lb[200MJ/kg]），但木材平均只有 860btu/lb（2MJ/kg）。

石板除了能作为屋顶面砖以外，还可以用来做嵌板和地面砖。如果使用石板做地面砖，建议用在室内，因为其坚固耐磨。如果将石板用于天井和露台，要看天井和露台的具体位置，因为石板对于霜冻的耐受力不强。

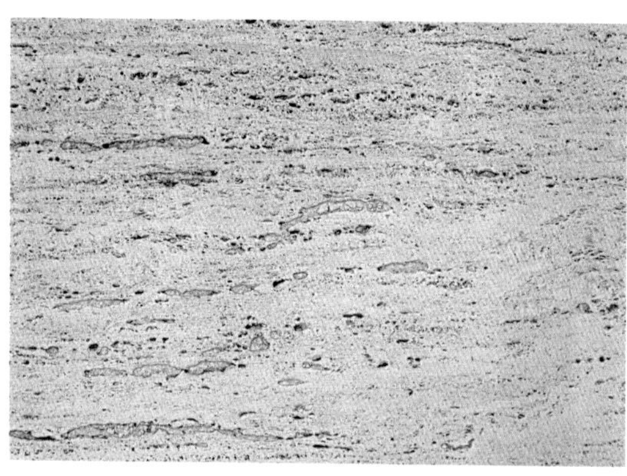

对于室内，推荐使用大理石、凝灰石和花岗石（主要成分是石英石）作为石材地面材料，尽管我们已注意到这些石材具有较高程度的放射性。石灰石由于在化学组成上不够稳定，只能用于路缘和台阶。应尽量使用产自本地的石材。

木质地板应尽量使用产自本地的木材。最为推荐用于地板、家具和细木工制品的木材种类是杉木、栗树、柏树、山毛榉、落叶松、松树、胡桃木、白杨木、橡木、枫树、桦树和白蜡树。

经过 FSC 认证的来自可持续发展的人工林的木材就像太阳能收集器。为了尽可能让木材保持自然的状态，其表面涂层可使用影响较小的稀酸和清漆。

柚木产自东南亚、非洲和美洲中部，被用来制作家具和地板。虽然更倾向于使用产自本地的木材，但如果选择使用柚木，确保它是通过合法途径进口的。绿色和平组织在其报告中特别强调，30% 的世界进出口贸易都是非法的。

安装竹制地板的时候，必须将板材在空气中放置两天以适应环境湿度水平。如果房屋结构在冬天被过度加热，那么地板材料将出现因室内缺乏通风而过度干燥的风险。

竹面板可用来制作可移动的拼花地板和实心地板，也可用来铺装室外路面。制成薄板的竹材用于地面铺装，其耐受性与红橡木差不多。使用时需确认竹材有可持续认证。

软木是一种能够起到隔热和隔声作用的天然制品。它同样能够防止寄生虫。软木是从有着 9~14 岁树龄的软橡树的外层树皮上提取出来的，然后被压制缩减成适合覆盖墙壁和地面的软木薄片。

软木地板具有温暖、有弹性和耐用的特点。注意不要使用包覆人造树脂（聚氨基甲酸乙酯）或抛光聚氯乙烯的软木材料。

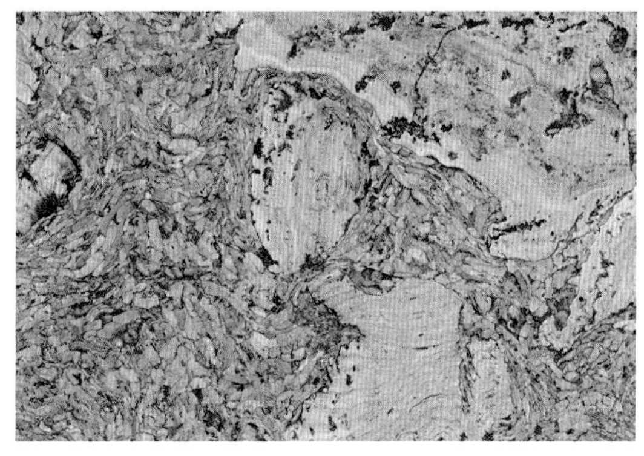

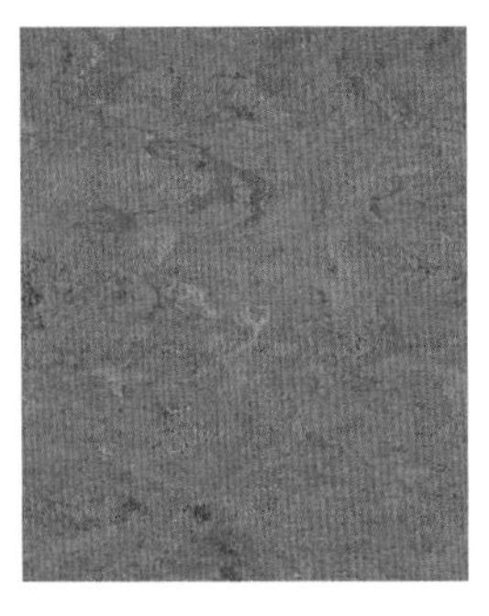

油地毡是将从亚麻籽中提取的植物油添加到树脂、软木、碎木屑、塑料和麻纤维中而制成。油地毡 98% 的原料是矿物质和有机物。
将亚麻油混合物涂抹在布网袋上，将表面再涂抹一层丙烯酸树脂涂层。油地毡在阳光下不会被分解，它可以隔声、防油污，并具有天然抗菌功效。

Ecoralia 出售一种可循环使用的材料 Madertec，其主要成分类似于木材。在材料的安装过程中要使用隐形钉子。这种地面铺装材料是由市政收集的包装垃圾制造的可循环利用塑料构成，尤其适合户外地板使用，因为其具有防腐特性，不易剥落或分解，同时也具有高防潮特性。

由 Porcelansona 公司生产的 Ston-ker Ecologic 是由可再生材料制造的一种瓷砖。这种材料通常用在大型工程和市政建设中，但也出售给家用，正如图片中这个露台所展示的。
陶瓷涂层 95% 的成分是由陶瓷生产过程中残留的可再生材料制成，保持了瓷砖的强度和多用性。

满足生态住宅能源需求的主动策略和被动策略

住宅所需的能源是以千瓦（kW）为单位衡量的。一千瓦等同于一个功率100W的灯泡点亮10个小时所消耗的能量。除了生物气候设计以外，市场提供了很多作为主动性策略的技术，有助于满足能源需求。在家产能源有剩余的情况下，可以根据每个国家的法律法规，以政府指导价卖给国家的电网系统。这些技术的其中一些的操作图解已在第一章中进行了描述。下面我们将进一步阐述这些技术的特征和应用。

光电太阳能装置是由若干块由两层以上半导体层制作的太阳能板组成，这些半导体层的原料通常是硅，在阳光照射下能产生电压。太阳能板在制造过程中消耗大量的能源，所以平均要使用五年时间才能抵消它在制造过程中产生的碳排放量。如果供电网覆盖不到太阳能板安装的区域，那么会在系统中安装一个蓄电池。其他的电路元件会控制电负荷，将太阳能板提供的12V电流转换成供家庭使用的220V、50Hz交流电。
通常，太阳能装置的安装要遵循每个国家具体的建造技术规范和地方条例建筑一体化标准。

安装光电太阳能装置的主要问题在于它对于空间的需求。该装置预期使用寿命是25~30年。每千瓦装机容量的安装花费7000~14000美元。如果生产的能源能全部被消耗，成本相对降低，如果不能，则需花费500~600美元安装一个计量表，要弄清楚是否有用于安装的资助金。

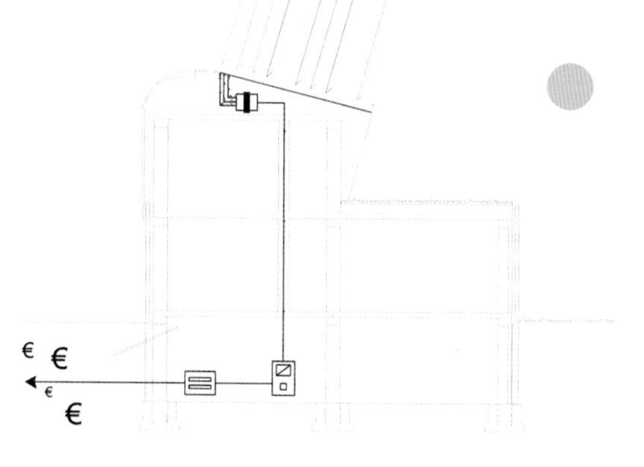

如果没有异常情况发生，可以使用肥皂和水清洁光伏太阳板。根据设备安装的不同位置（斜屋顶、外墙或平屋顶）可能需要专业的清洁工人。

太阳热能从 20 世纪 70 年代开始使用，通过利用太阳的能量来产生热水和供暖。这种设备是由被称为集热器的特殊板材组成。集热器能够汇聚和储存太阳能热，并将能量传送到我们要加热的液体，这既可以是室内的饮用水，也可以是用于家庭供热的水系统。
一般情况下，太阳能设备的安装要遵从每个国家具体的建造技术规范和地方条例建筑一体化标准。

最常用的家用级太阳能收集器是平板集热器。一块太阳能平板是由一个与底部和两侧绝缘箱体和一块附加在隔离层上用来吸收热量的金属板组成。被加热的液体流经焊接在金属板上的管路。

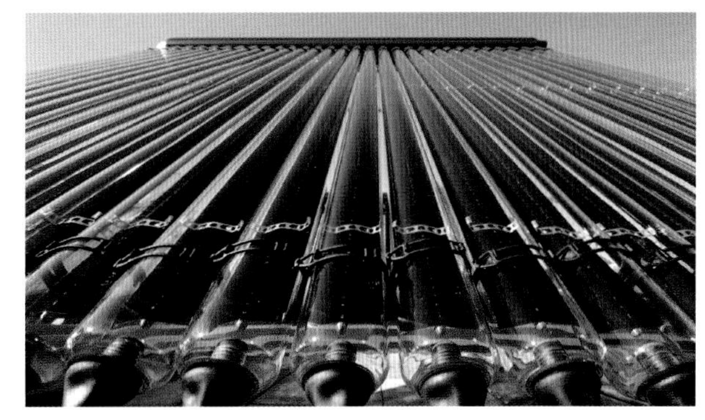

近年来出现了价格更昂贵的真空太阳能集热器。它与建筑更好地集成并更高效，因为它不使用加防冻液的管道，而是在玻璃保护层和吸热层之间留有一个真空区。抽成真空的管状集热器是圆柱形的。

这款由 Chromagen 公司出售的太阳能集热器，其热虹吸系统是装配在平顶或斜面屋顶上的。这一系统由一个具有双层机壳热交换器的蓄电池（79gal）和两块具有选择性吸收体的平面集热器组成。设备系统被安装在防止锈蚀的模数化生产的钢支撑上。由集热器生成的热水在水箱中可以保存一定的时间，对于小型系统为一天到四天之间。

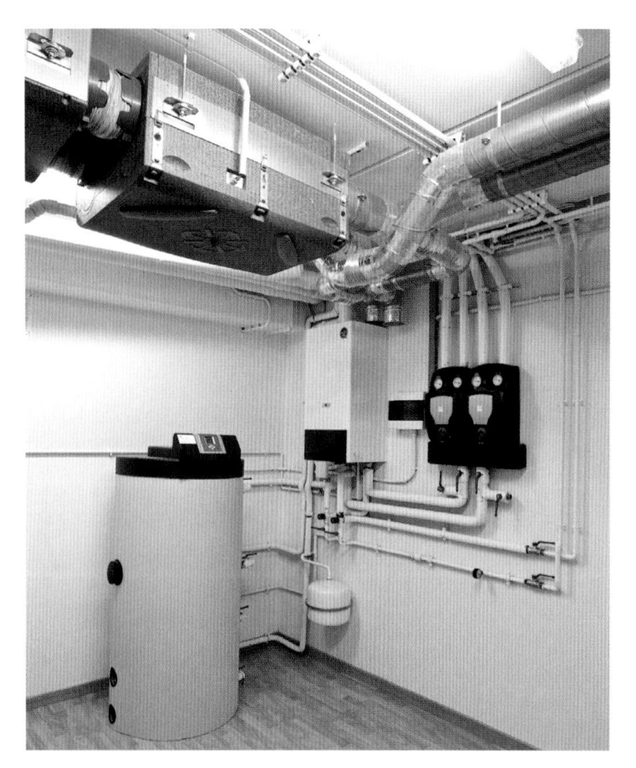

某些带有平板集热器的装置需要在地下室设置机房，在其中放置热水存储罐、高效能锅炉和其他辅助设备。由 Pich-Aguiler Arquitector 设计的 Kyoto House 将一个双流向热回收系统与一个可控的空气更新系统集成在一起。

一个太阳能热收集系统的使用寿命是 20 年，到了这个年限设备需要升级更新。每户住宅安装这个设备的最初投资成本将在 5 年内收回。这个设备能够为地板采暖系统供应热量。如果有热泵装置，可用来辐射冷却。

我们经常将风能与我们在乡村看到的风力涡轮机联系起来，但是这种可再生能源也可用于小规模的家用住宅。有两种类型的家用风力涡轮机：一种是安装在屋顶上的，另一种是安装在柱杆上的。安装在屋顶上的使用 2.5kW 的涡轮风机以 100W 或更高功率的模式为 12~24V 的电池充电，同时产生的盈余能源可输送到电力网中。
安装在柱杆上的风力涡轮机高达 30~50ft（3~15m），产生的电能在 0.6~20kW 之间。设备产生的实际能量由风力涡轮机的叶片长度、风速和设备是否被建筑或树干阻挡等因素决定。

组装一架柱式风机的最佳位置是距离附近的建筑或树木 32ft（10m）之外的地方。不要把风机安装在具有紊乱气流的地方是至关重要的。

多数独户家庭消耗的电能不到 15kW。粗略估计安装这种类型设备的成本在 4000 美元每千瓦，包括风机、柱杆、交换器和电池（如果房屋没有接入电网，必须要安装电池）。如果要将多余的电能卖给电网，需要安装一个花费在 500~600 美元的输出计量表。要确认有关方面是否统一安装计量表设备。

需要对风机进行年检，确认是否发生损坏。微型风机的使用寿命是 15~20 年，风机在使用周期中的耗损贬值情况取决于政府对于输出到电网的多余电量的采购价格。

Home Energy International 公司出售的这种能量球设备 V100，能够以平均 23ft/s（7m/s）的风速输出 500kW・h 的能量。它可以集成在一个 15ft（4~5m）高的柱杆上安装在房顶上，也可以单独安装在高 32~39ft（10~12m）的柱杆上。

瑞典和芬兰这些国家已经在20世纪70年代中期开始使用地热能。对热能的利用主要包括利用地球内部的热能来加热水，为建筑和基础设施供热。如果在住宅中安装这种设备，将使用地表层某个深度的温度，在地中海维度下这个地表深度的土壤温度到达（60℉（15℃））。因此，使用热交换器设备可以起到在夏天为建筑降温，冬天为建筑供暖的作用。

设备的外部回路称为热采集器，由塑料管道回路组成，防冻液体从管路中流过。设备的安装要经过精心设计，在建筑的施工阶段实施安装，否则将增加安装成本。在一个1300ft²（120m²）的房屋中安装一个功率是10kW地热设备的花费大约是18000美元。对于房屋的每10ft²（0.9m²）的面积，需要3.5~6ft（1.0~1.8m）的土地。在这部分土地上不能种树。因此，功率水平低的热设备的安装需要占用更多空间。

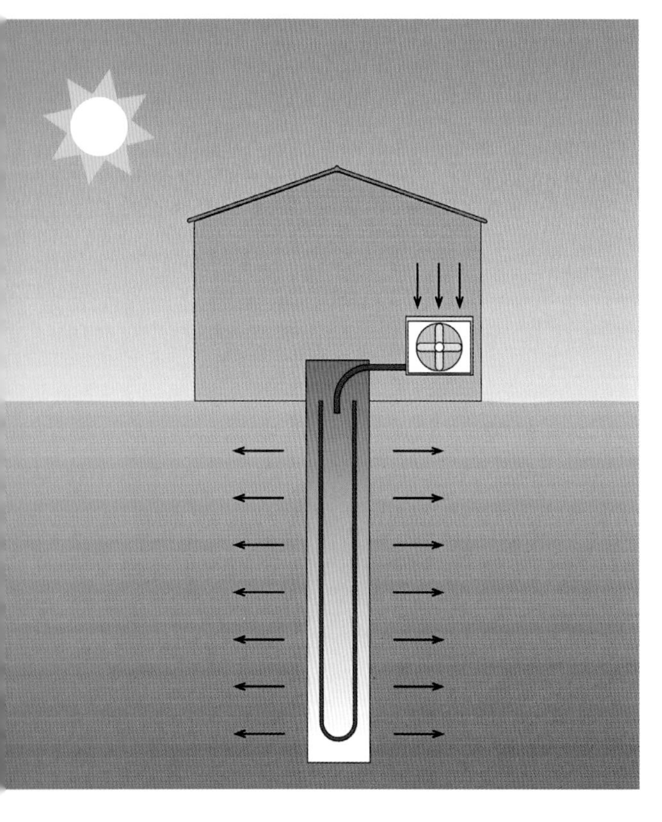

垂直安装成本更高，需要在地表钻孔达到330ft（100m）深度。其比较适宜在城市中安装。在住宅中，可使用上述任何一种地热系统，室内的温度可通过地采暖系统、空调和传统电暖气来控制调节。在潮湿气候下，因为在潮湿地板上会凝结一层水分，推荐使用地采暖系统。

地热系统产生的能量能够节省80%石油产生的能源以及70%天然气产生的能源。

热能复合循环系统是一个具有双重功效的系统，它能够产生电能和热能，同时节省 25% 的能源消耗。由于是家用设备，电能一经生产马上消耗，因此不会因能量传输产生损失。按照设计这种热能复合循环系统是在白天工作运行，持续释放低热量。安装成本将在 3~4 年收回。设备的价格在 650~1300 美元之间。标准型号的热能复合循环系统每年能产生 2400kW·h 的电量和 18000kW·h 的热量。

1. 热量交换器
2. 辅助燃烧器
3. 燃烧鼓风机
4. 平衡烟道
5. 斯特林发动机和交流发电机

从生态气候设计理论中推演出的被动能源策略是指一幢房屋最大限度地利用环境因素而减少对能源的消耗。被动能源策略通常要实现房屋的高水平热隔离性，利用建筑的朝向，在冬天发挥建筑的温室热效应，以及在夏天通过对流通风为室内降温。

在欧洲有一种“零能耗房屋”，最早起源于德国和奥地利的一种认证，这种标准总结了生态气候住宅的主要条件：

- 高度隔绝或降低热传导
- 高效自然采光
- 使用热回收机械通风装置确保室内良好的环境质量
- 极高的房屋密封特性

如果能遵守上面提到的几点要求，房屋实质上将不再需要由主动策略来提供能量的附加设备来加热或降温，正如我们所看到的，主动策略会消耗大量的能源。如果需要辅助系统，则需安装供热、热水和通风集成系统。

在冬季的极端寒冷气候或常年寒冷的气候下，利用温室效应是非常实用的。房屋的设计一定要有向南的走廊。在这个示例中，类似于混凝土这样的高集热地板能够收集热量，在温度降低时将吸收的热量再散发到室内。

房间气候控制

住宅生物气候设计一个明显的好处在于它能够自然的控制室内的温度。如果这个方法不能单独奏效，机械系统能够辅助向室内提供热量或冷气。本节将展示零能耗或低能耗的室温控制解决方案。

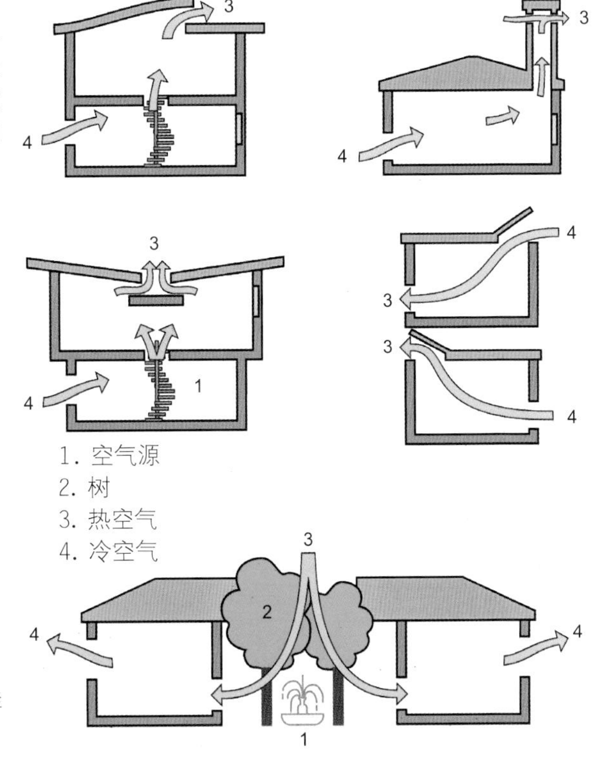

在温暖气候下，室内花园中的树木和植物产生的新鲜空气，起到了为房间降温的作用。

在这个案例中，由一条走廊代替花园，将同一座房屋的两翼连接起来。室内的草和繁茂植物的蒸发作用产生了凉爽的空气，并在房屋的两边形成了对流通风。

设置屋顶花园是另外一种自然控制室温的有效方法。植物覆盖层起到了收集热量的作用，进而能够调节室内温度。它能够发挥两种作用：夏天可以有效地防止屋顶过热，冬天可以利用在白天收集的热量抵御寒冷。它能够为家庭涵养鸟类和昆虫，同时能够阻挡噪声，将室内噪声降低到 8dB。

房屋附近有一片落叶树林是一件有益的事情，尤其是在气候炎热的地区。夏天，树林能够遮挡阳光，到了冬天，树林能够让阳光穿过。

由水分蒸发产生的清凉空气是有益处的，尽管在潮湿地区不推荐使用该种方法。这座位于西班牙的房屋旁边有两个水塘，可以通过水的蒸发为水塘边的房屋降温。到了冬天，水所积聚的热量通过墙壁传导到采暖温度较高的房间内。

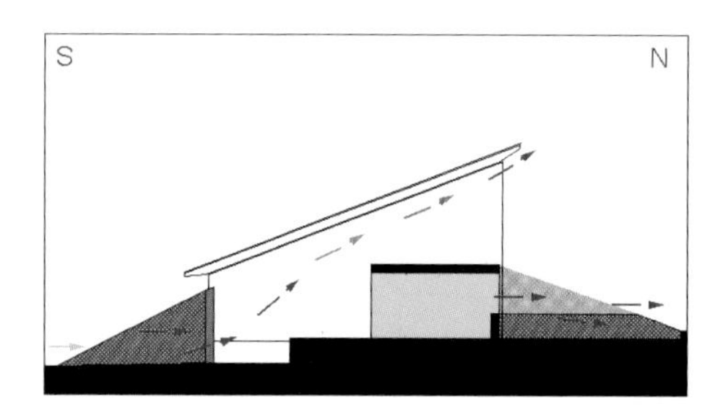

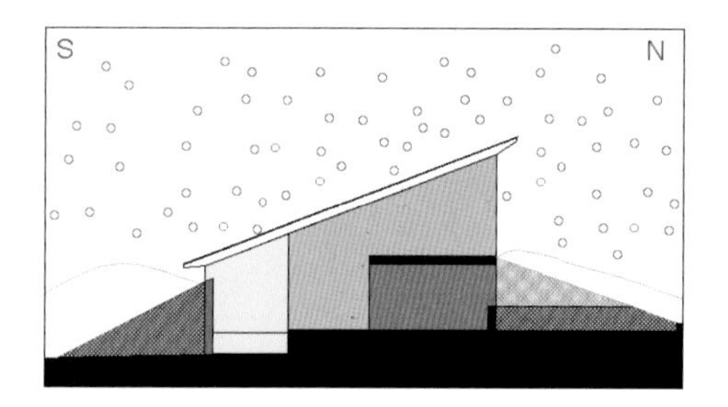

在温和的气候下推荐使用对流通风系统。对流通风系统在独立建筑中使用效果较好，而在密集的城市中效果会降低。
对流通风系统能够在房间中产生流通的新鲜空气。采光窗、天窗和其他通风口能够将室内最冷的区域与最热的区域连接起来，促进空气流动。

这座Shimane住宅（日本）半埋在土石坡下，因此空气可在碎石和屋顶结构的空隙中流动。

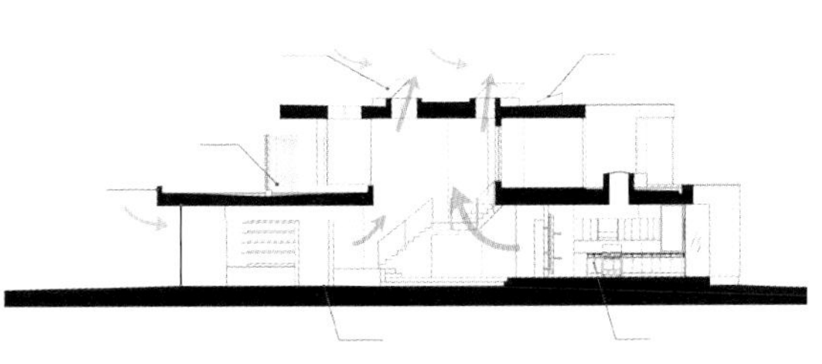

在加利福尼亚州圣莫妮卡（Santa Monica）的这座住宅里太阳能烟囱效应使空气能够经过楼梯井从屋顶上的两个动力控制的天窗由室内排出。这样在夏天能使房屋中的热空气排出而使新鲜空气进到房屋的底层。

混凝土不是一种生态友好型的建筑材料，但如果将混凝土与类似于特仑勃墙(Trombe Wall)这样的热收集器一起使用，能够成为房屋中的天然热源。混凝土是热惰性最高的材料之一。混凝土在白天吸收的热量会在夜晚作为天然能源释放出来。很明显，房屋向阳面越多，累积的热量就越多。

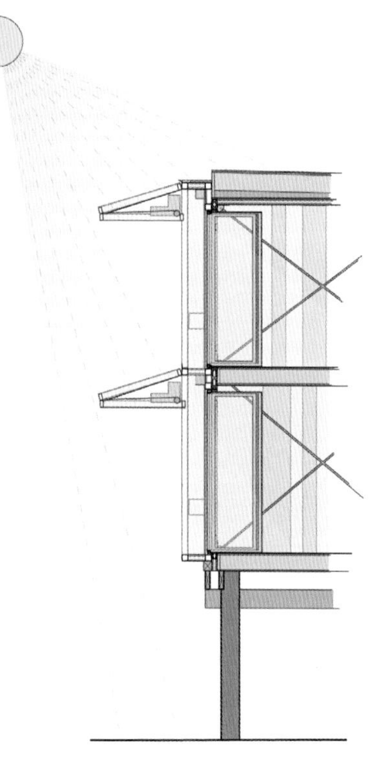

在炎热气候下，深远的屋檐能够遮挡太阳光，保持室内温度凉爽。在百叶窗和房屋内墙中间有空气层的结构能够起到同样的作用，正如智利的这座住宅所拥有的严密的外墙系统和遮阳功能。

建造生态住宅必须严格遵守包括窗户以及承重墙体和承重屋顶的密闭和绝热等多种要求。
这张图示显示了在非密闭条件下一座住宅的散热情况：

1. 25%~30%（屋顶）
2. 20%~25%（墙壁）
3. 20%~25%（空气循环）
4. 10%~15%（窗户）
5. 7%~10%（地板）
6. 5%~10%（热桥）

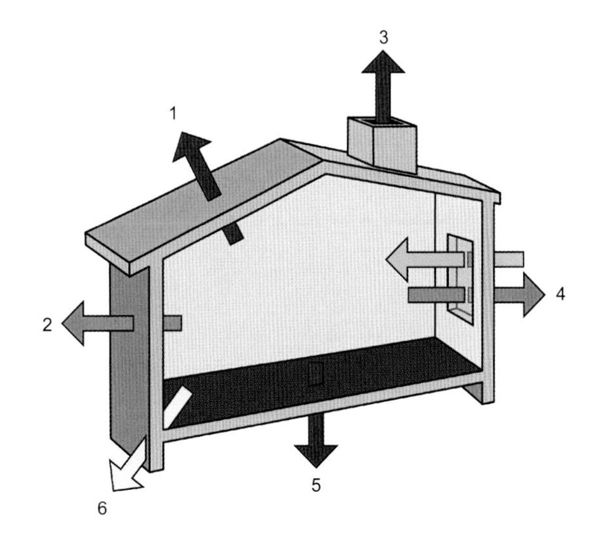

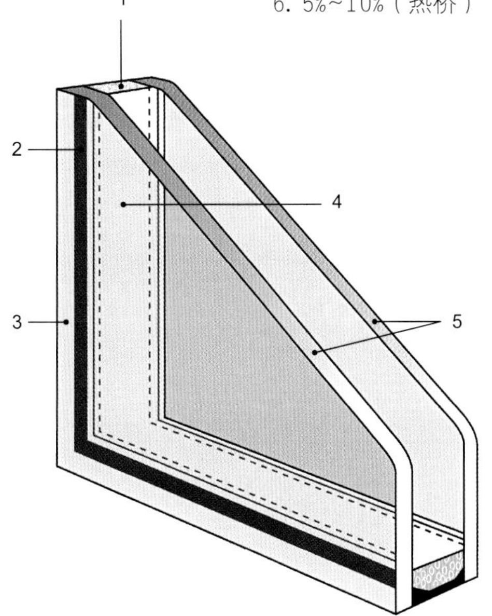

为了防止热量散失，窗户的玻璃应该有两层或三层以阻止不必要的热量累积或散失，同时能够隔绝室外的噪声。下面的略图展示了标准的双层玻璃窗：
1. 微尘回流吸附器
2. 第一密封层（水蒸气隔离层）
3. 第二密封层
4. 保护隔层膜
5. 玻璃，根据强度、安全和透光性需求

除此以外，玻璃的质量影响着进入房间的光线量。低辐射光玻璃适用于温暖气候，它降低了建筑得到的太阳热能，允许可视光照射进房间。在示例中，对于这个特定案例有一个降低的百分比例。

1. 39% 来自太阳的热能进入房间
2. 70% 光线直射穿过玻璃层

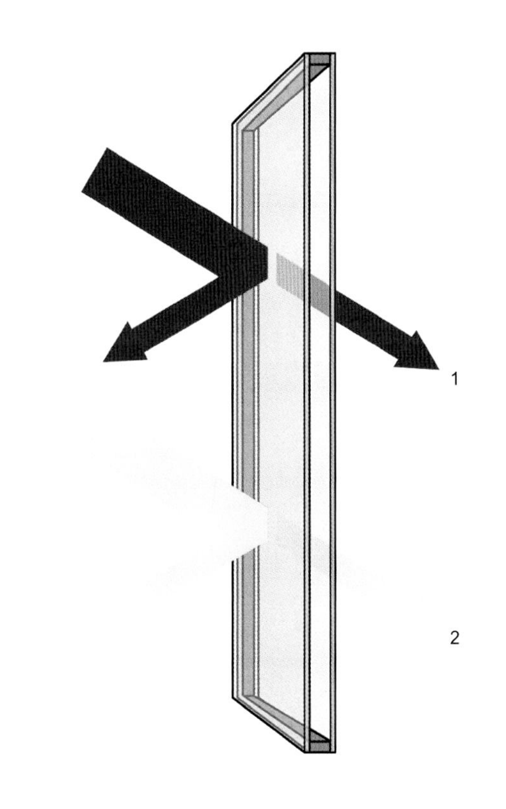

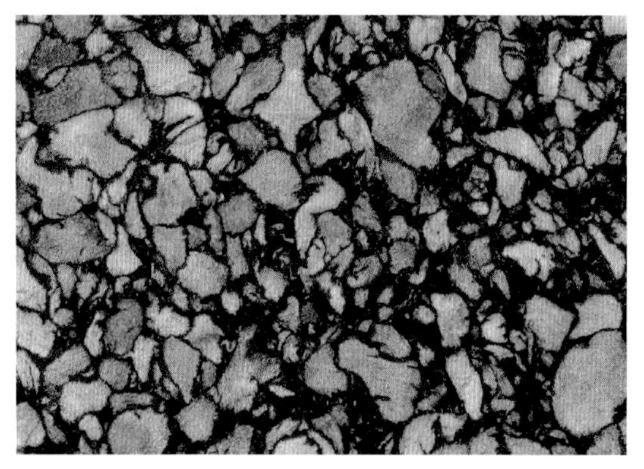

当为房屋的外围护结构选择绝热材料时，应该选择天然的、可生物降解的、可控制热舒适性和湿度舒适性的材料。推荐使用的绝热材料有软木、麻类植物、椰棕、黏土、稻草、石灰、具延伸性的回收纸张、天然羊毛、刨花、具延伸性黏土、经过良好密封的珍珠岩和石材（长石或页岩）。其K值越高，绝热性越低。下面，我们将介绍主要的几种天然绝热材料。

软木木屑填充到生产模具中被挤压成软木板，可用于房顶或覆盖表面。软木木屑是从软橡木的树皮中提取出来，K值是：$0.045W/m^2$，℃。

麻类植物是一种生长很快而且易于种植的天然纤维，它可以用来制作天然、可透气的绝热毯。它的K值是：$0.041W/m^2$，℃。

羊毛在湿润条件下绝热性能更好。如果具有本地的材料供应商和生产商，羊毛是一个不错的选择。羊毛的K值：$0.04W/m^2$，℃。

木纤维板通常使用处理木材和树枝过程中的废料制作而成，因此该产品符合可持续性森林资源管理标准（FSC或同等标准）。销售的木板通常是添加了灰浆或白水泥的树脂木纤维胶合厚板或细密纤维薄板。两种板的K值都是0.05W/m^2，℃。薄的这种板木纤维多孔，可用于做隔断墙、外墙、房顶和地板。

纤维素是由废纸制作而成，常用于隔绝空腔。尽管需要经过化学处理来防霉防火，但它仍具有良好的绝热特性。它重量较轻，在生产过程中消耗的能量又少。它的K值能达到0.0071W/m^2·℉（0.042W/m^2，℃），如果加入空腔，它的K值能达到0.0066W/m^2·℉（0.039W/m^2，℃）。

最后应予关注的材料是稻草，一种具有绝热功能和热舒适性能的材料，可以以板材或石膏灰泥覆面的形式用于室内。

不要使用合成的绝热材料，例如岩棉、玻璃棉、压缩聚苯乙烯和聚氨酯，因为其在生产过程中需要更多的能量，并且对环境产生污染。

室内的最佳温度是 61 ℉ ~64 ℉ (16℃ ~18℃)。超过 64 ℉每上升 1 度，会产生 250~500Ib 二氧化碳。
在被动系统之后，地板采暖是实现房间加热或冷却的对环境最友好的方法之一。它有一套交叉连接的聚乙烯水管网组成用来将热水或冷水传送到房屋的各角落，还有一个供水的源头。它是一套看不到的供热系统，能够在空气中产生更少的灰尘，维持恒定的温度。对于它的批评意见是，如果在夏天使用这套系统制冷，会产生头热脚凉的效果。
不建议使用电热地板采暖系统，因为它更容易损坏，而且会消耗更多的能量。

热辐射系统能够以在天花板或墙壁上安装发热板的方式发挥作用。这种供热系统并不常见，但有类似与 Runtal 这样的公司销售图片上所示的这种系统。两种系统中流经的都是热水，加热的能量由太阳能热力装置提供。

另外一种为住宅提供热量的生态方法是使用颗粒燃烧炉，这种做法可以避免使用燃气和石油这样的不可再生能源，以及木材这样的可再生能源。这种颗粒燃烧炉最早出现在美国，也会在居民聚集区投入使用，在瑞典、德国、奥地利和法国得到了成功的推广。
燃烧颗粒是 100% 可以生物降解的材料，它们是从农用工业中回收的碎片、碎末和木屑。这些废料产品经过碾碎和干燥处理，最后被挤压成可燃烧的棍状物。燃烧颗粒的生热值接近于 2000kJ/Ib (4500kJ/kg)。

带有通风口的燃烧炉直径 3.125in（8cm），火焰由电子恒温调节器来控制。燃烧后产生的灰烬可以用作植物的肥料。在家里囤积燃烧颗粒不会有危险，也不会产生难闻的气味。如果要产生 1800kWh 的能量，需要燃烧 800Ib（360kg）的颗粒。如果使用其他种类的生物材料，例如木屑，燃烧效率会降低。

该设备安装费用在 6500~12000 美元之间。相比于产生更多污染的油汀炉，颗粒燃烧炉的一个经济优势是颗粒燃料的价格稳定。

它的维护方法很简单，定期清理燃烧灰烬，每年清理燃烧炉一次。

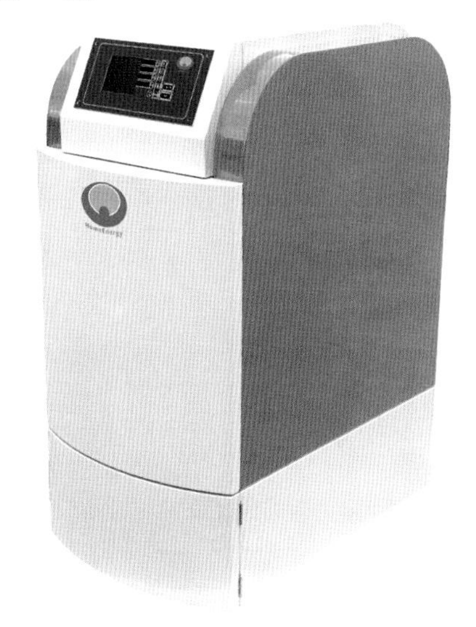

Home Energy International公司销售一种颗粒燃烧炉，能在锅炉房、花园和地下室使用。它所占的面积是 $160ft^2$（$15m^2$），但需要额外的空间来换气和储存颗粒燃料。颗粒燃料可以使用机械或手工填加，作为热源，它可以为地采暖系统，热水和使用传统热辐射方式加热的房间供热。

如同地采暖加热一样，水暖散热器也是以热水作为液体热媒，多年来一直被使用。因此，近年来有些公司试图来改善它们的供热效率。一个例子是由 Jaga 公司生产的 Jagalow-H_2O 散热器，它能节省 12% 的能量。这个设备可由热力泵、太阳热能装置或高压锅炉来供应能量。有些型号的散热器外面装配了木箱，如右侧图片所示。

Jaga 型号的散热器产品通常会配备一个人工控制或自动控制的通风设备。这个通风设备是集成在 low-H_2O 散热器上，在晚间保持一个凉爽的空间环境。通风设备是由电力供应能量的。

锅炉通过燃烧燃料来为液体（水）加热，液体随后将热量散发出去。如果使用燃气为燃料，燃气锅炉将产生两倍于电力锅炉的二氧化碳排放量。

如果选择燃气锅炉，要选择高压燃气锅炉，其较传统燃气锅炉可减少 40% 二氧化碳排放量。这些锅炉使用燃气或电力加热的效率达到了 98%。最高效的供热系统是每个房间单独控制温度的系统，或者温度在每天不同时段能够加以控制调节。在锅炉上增加恒温阀门能够自动调节温度。

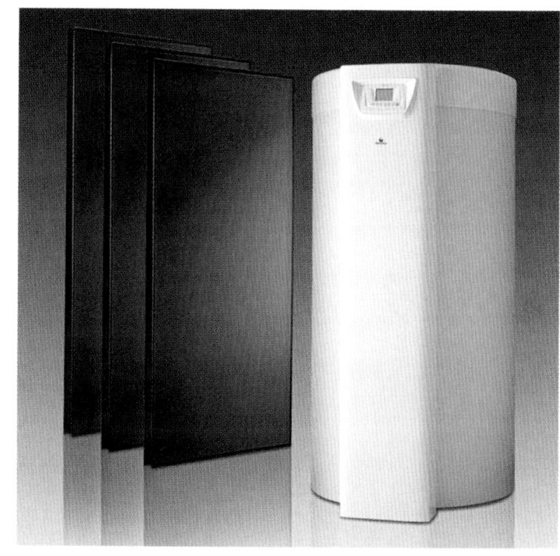

Saunier Duval Helioset 锅炉能够供应在房间里循环的热水。这个型号的锅炉有一个收集器和一个蓄水器（40 或 66 加仑）组成。收集器和蓄水器都集成一个排水系统，可以防止水结冰或防止太阳能过度加热液体。

地源热泵的性能好于空气源热泵制冷系统 50%。潮湿黏土的传热效率高于沙土和干燥土壤。这些泵为地板采暖系统和热水系统（DUW）提供能量（加热或制冷）。使用地源热泵加热能节省 75% 的能量，制冷能节省 80% 的能量。

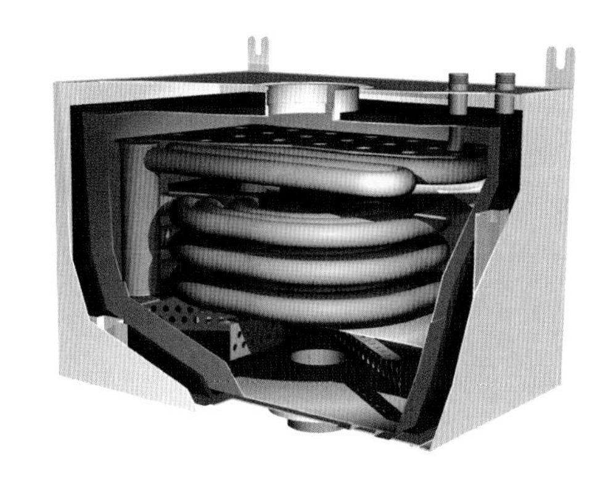

最有效率的燃气炉是“组合锅炉”，这种锅炉只加热需要的热水而不需要加热整个水箱热水。建议对散热水管采取恰当的隔绝措施，以避免热量损失。
图片上展示的是被安置在组合锅炉上方的 Zenex 设备，这种设备抽取燃气的残余热量，为冷水预热。这种设备连同安装费用的价格是 750 美元。设备可以节省多达 1300gal 的水，将燃气消耗降低 11%，住宅每年减少的二氧化碳排放量能够达到 1t。

如果锅炉房的对流通风不够理想，使用风扇将势必较使用空调是更好的选择。风扇消耗的电量更少，而且不需要使用化学制冷剂。
加拿大生产的这种 Turbo Air 3200 型号的风扇，比传统风扇效率高两到三倍。据产品介绍，它的功率消耗低于一个 100W 的荧光灯泡。它有 3 级风速，低噪声。改良的设计增强了送风的管道效应，送出的风能够围绕在使用者周围。这种风扇也可安装在墙壁上。

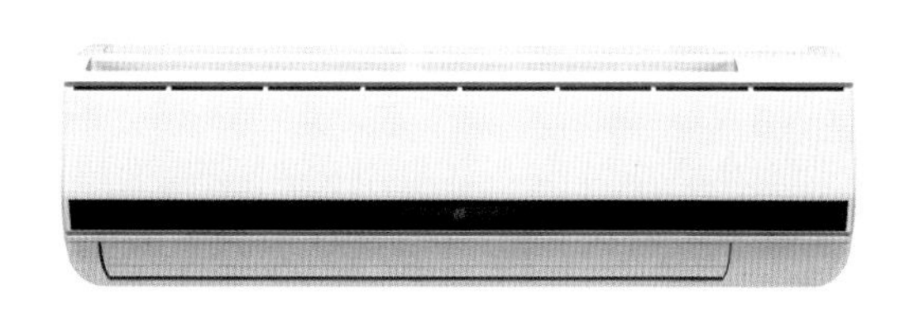

空气源热力泵使用能源抽取室外空气的热量传送到室内。它是最好的系统之一，每消耗 1kWh 的能量，能够输送 2.5~3kW 的热气或冷气。设备采用了反流转换器的技术具有特别的效率，因为它具有电力控制器，能够减少 30% 的能源消耗。使用热力泵应确保选择的都是 A 级节能的设备，且住宅要具有良好的保温隔热性。尽管如此，热泵系统不适宜在极寒地区使用，在这种地区将不足以发挥它的效力。

家庭自动化控制系统能够根据室外温度的变化、每天的不同时段、住宅的不同位置和室内人的分布等因素，自动调节室内的温度。智能自动化控制系统能够根据季节来控制遮阳棚、百叶窗和窗帘，从而达到接收或拒绝获得太阳光线的作用。这套系统在检测到采光窗存在能源效率问题时，会向人们发出提示。

节水方法

现在，地球上的饮用水只能保障全世界67% 的人口使用，有 20% 的人口甚至没有途径获得饮用水。尽管如此，甚至是在饮用水资源紧张的国家，建筑规范中都没有包含雨水或灰水（洗衣机、厨房用水和淋浴用水）净化的标准。

在房屋的设计阶段就应规划一套雨水收集系统，需要独立安装一套涉及洗浴、淋浴和洗手盆下水管的网络采集系统。安装费用在2500~4000 美元之间，根据不同国家的水费标准，回收成本的时间在 10~15 年。节省的用水量可达到 30%~45%。

这张图表展示的是 Pich-Aguilera 设计的这座日本京都某住宅的雨水采集系统，雨水的采集房间和灰水的分配系统。

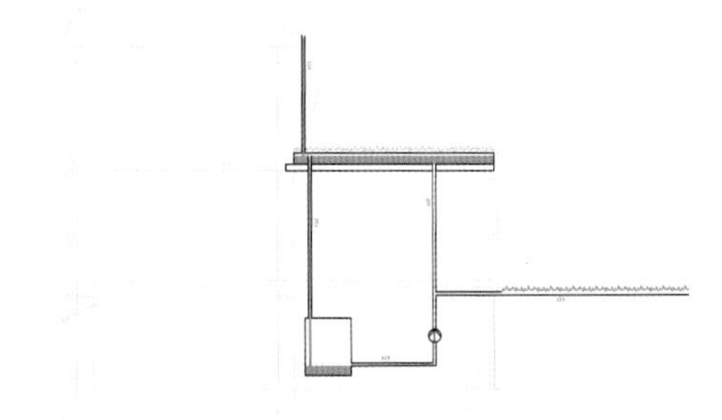

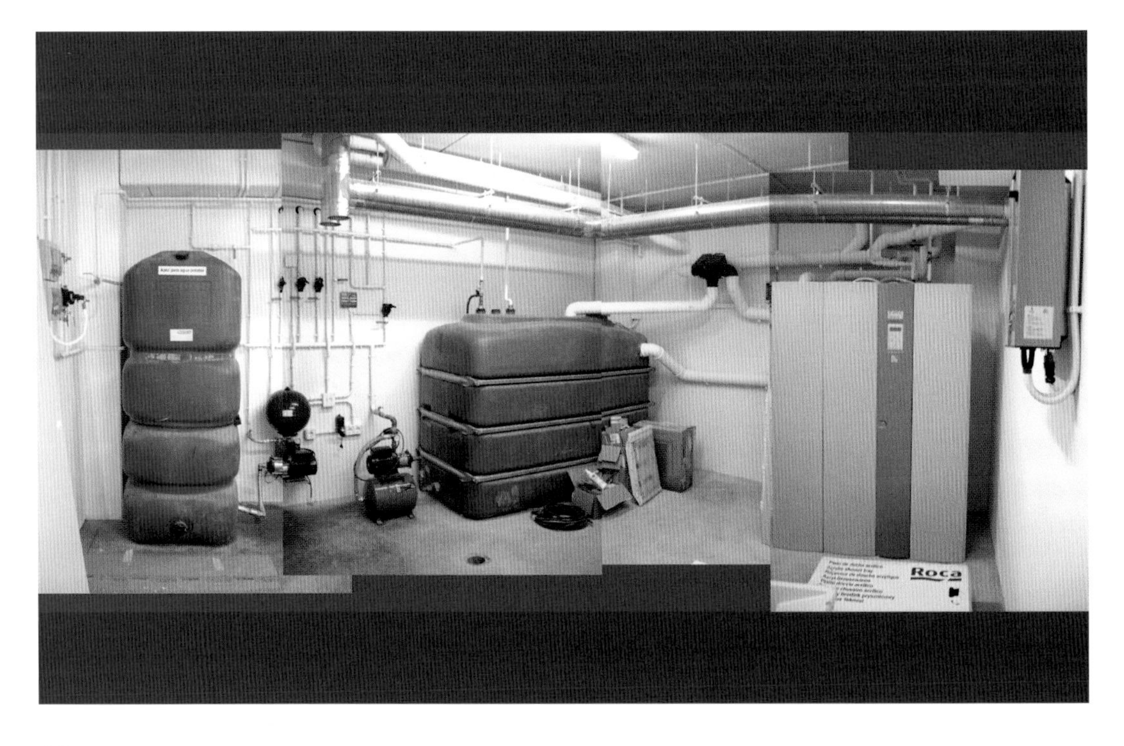

Osarm 生产的 Dulux Carre 型号的产品，因其具有防水特性，既可用于室内，也可用于室外。产品可装备一个传感器，根据室外光线量，减少或增加光线的输出。产品有三种型号：9W，11W 和双 11W 灯泡。

除了采用低能耗的照明设备，高效的照明系统本身也是非常重要的。家庭照明自动化系统能够根据太阳光强度、住宅面积、室内是否有人和时间因素来调节照明水平。家庭智能自动化系统同样能够控制遮阳棚、百叶窗和窗帘，以便于能根据每年不同的时段更好地利用太阳光，同样能对住宅的能源消耗产生影响。

家庭自动化照明控制系统图

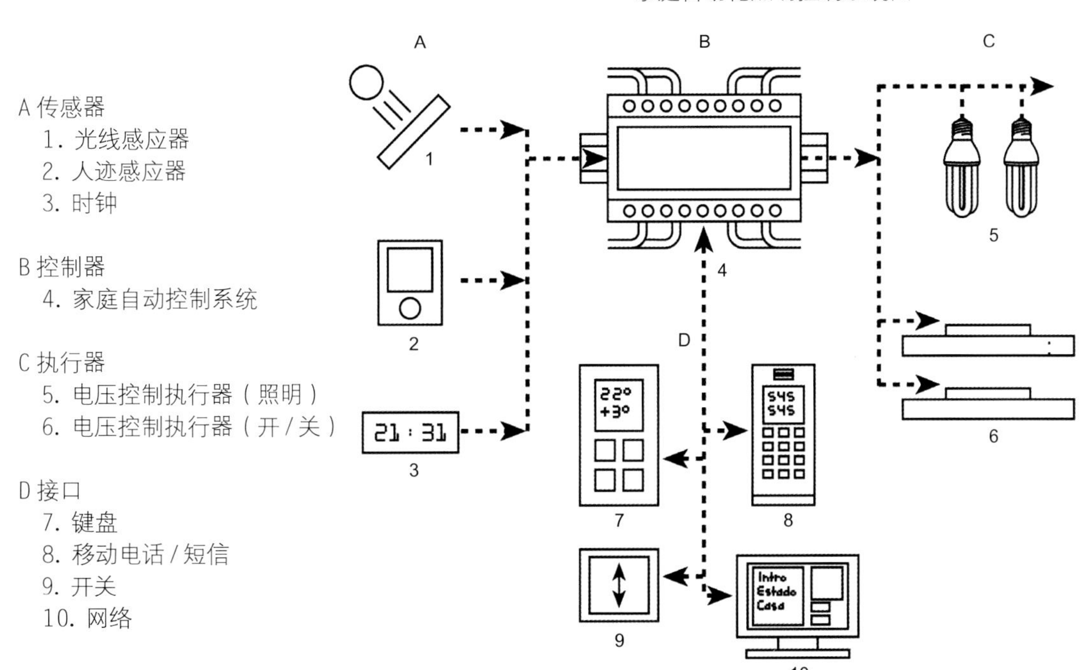

怎样将您的住宅转变为生态住宅?

晚做事好于不做事。在本章节中指出的多数方法，是节约能源、水资源和其他资源，减少废物排放的永久性解决方案，能够在既有建筑改造中实施。这些方法主要与房屋中的各种表面、材料和家具相关。让我们一个房间一个房间地来审视我们的住宅，从起居室到浴室再到保护材料使其更耐久的花园。我们所能提供的素材和文章越长，对环境会更有益处。

大面积玻璃窗的使用确保了房屋有足量的光线摄入，太阳热能的获得取决于起居室的朝向，同样能够通过在冬天减少房间供热和减少使用人工照明来节省能源。

起居室和餐厅

餐厅和厨房是白天使用的空间，因此需要有良好的采光和通风。如果采用木制家具和地板，木材应取材于本地。不建议使用桃花心、红木、柚木、紫檀木以及黑檀木这样的木材，因为它们的产地远离使用地，材料的可持续发展得不到保障。

餐厅和厨房通常与起居室相贯通。在这个案例中，房屋除了利用大面积玻璃窗获得自然光线照明以外，还使用了高热惰性的地板（混凝土材质），地板在白天吸收存储热量，夜晚再将热量释放出来。

这座受到绿色住宅理念启发而设计建造的房屋位于比利时。房屋由预制构件建造。房屋的厨房和客厅共用了一层空间。外墙由高隔绝性玻璃和透明的具有同样隔离性的聚碳酸酯板构成。
餐桌面是由比利时产的蓝色石板、红柳桉树框架（一种澳大利亚产的桉树）和法国橡木桌腿组成。桌子的木制框架是回收利用了一艘旧船的木地板，而桌腿则是过去一座酿酒厂的建筑材料。
房屋的地板是染色亚光花岗岩，可以利用它的高热惰性。在地板下方，留有一个4in（10cm）高的空间，用来安装地热采集器的供热和冷却管道。

这座环境教育中心位于华盛顿的班布里奇岛。房屋特点是有一个能够降低光线射入量的突出的房顶。与之相应地屋顶外墙上可调节的窗户可以在炎热天气下形成对流通风。

位于加利福尼亚州诺瓦托的这座房屋使用了竹制地板。竹制地板是木质地板的替代材料。购买竹材时一定要注意竹龄至少要在 6 年以上，过新的竹子则会硬度不足。

在这种地板下留有空隙，用于安装电路、空气管线、地采暖水管以及音响和数据线路等设备。
为了维护竹制地板处于良好状态，应持续保持地板的潮湿和水分，否则地板会发生变形。如果在地板上使用人工油漆，有其中不能含有氧化铝，否则地板上将留下明显的白色划痕。

这座建筑中的木地板和木桌经过 Auro 公司生产的天然漆和蜡处理。它们不会散发挥发性有机化合物(VOCs)，能够确保长期维持木材的特性。

如果要在房间的任何地方使用地毯，应确保地毯中不含有溴化物火焰延缓剂。这种溴的化合物能够延缓产品的燃烧，常用于电视机和其他电器应用设备的塑料制品中。房间中不能使用散发挥发性有机化合物(VOCs)的地毯。

Gabarro 出售这种经 FSC 认证的天然木材地板。这里使用的是雅拓巴木（jatoba）同样还可以使用巴西龙风檀香木、核桃木和柚木，但使用这些材料的问题是，它们不是取材于本地的。
木材使用丙烯酸树脂塑料油漆打光，这种油漆并不是市场上最好的环保材料。紫外线打光取代了大多数国产涂料，在接受阳光直射的情况下具备长时间的可维护性。

在本例中是 Gabarro 出售的由 PEFC 依照 C 组 3 系列认证（为监理委托认证）的卡伦理亚（Karelia）单床地板。这种认证是由木材生产商控制的，因此与 FSC 认证的约束性有所不同。

Listone Giordano 销售的这种硬木地板，使用以天然油为原料的纳梯夫（Natif）油漆抛光。这种油每年使用一到两次，取决于地板的使用程度和磨损区域大小。地板采用了旧皮质和油脂抛光的视觉效果，得到了 FSC 和 PEFC 的适用认证。地板取材于特殊的树种，例如橡木（冯坦尼斯）、桑托斯红木（南美）和柚木（亚洲）。

木地板支持使用地采暖系统。在这个案例中，整个系统由合成厚木地板和地板下供热系统组成（供暖和制冷）。

这座位于瑞典的三号太阳能房屋是根据零能耗理论建造的。这种房屋不连接电网，净能耗为零。换言之，其所消耗的能源能够全部自给。在起居室的这张图片中，可以看到使用了预制木结构，在墙壁上使用了能量采集板。这种能量采集板由一种石蜡材料制成，可根据室外温度供热或制冷。

这张桌子，由 Fusteria Oile 生产，由竹材制成，只用深度亚光的水质油漆抛光。

Fusteria Oile 生产内侧为竹木和外侧为铝窗或铜材的窗。内部和外部的镀层使这些窗户看上去具有良好的密封性和高度安全性。

如图片所示，Deutsche Steinzug 在市场上销售的这种陶瓷地板砖，由黏土、高岭土、长石和石英制作而成。这种地板适于过敏患者使用。材料都是本地取材并在采石场的附近加工。这家德国公司能够确保一个环保洁净的生产制造过程，生产中的剩余原料能够再利用，废水经过净化处理，生产过程中的热气被重复利用到生产的预热过程中。

总部位于巴塞罗那的 Zicia 公司销售这种用回收塑料制作的壁脚板。这种塑料的成分主要是聚苯乙烯和聚丙烯，来自特别收集的集装箱。

厨房

厨房是另外一个白天经常使用的场所，应考虑到健康和环境卫生因素。应确保厨用家具不含有甲醛，尤其是使用压缩集成版、颗粒板、合成板和中密度板制作的家具（橱柜、碗架和储物柜）。这些家具含有一种复合尿素甲醛树脂，将纤维与木材胶合起来。另外重要的一点是使用组合家具，因为组合家具可以节省空间，同时具有多功能用途，从长远角度看可以减少自然资源的使用。

如果要建造一个零甲醛厨房，最好的建议是使用天然材料或回收材料制成的家具或面板。在这个案例中，厨房的橱柜是手工打造，使用了 Zebrano 木材（或者是从非洲中部进口的 Microberlinia 木材）和法国藤编把手。

R3 项目，是由生态设计师 Petz Scholtus 实施，在工业设计工程师 Sergio Carratala 的帮助下完成的。该项目是对位于巴塞罗那的一座哥特式住宅进行生态改造。举例来说，厨房中的家具使用的是旧红酒箱子的木板。操作台使用了未经处理的 TSC 认证的坚固板材。操作台使用天然油漆打光，以正确的方式来维护。

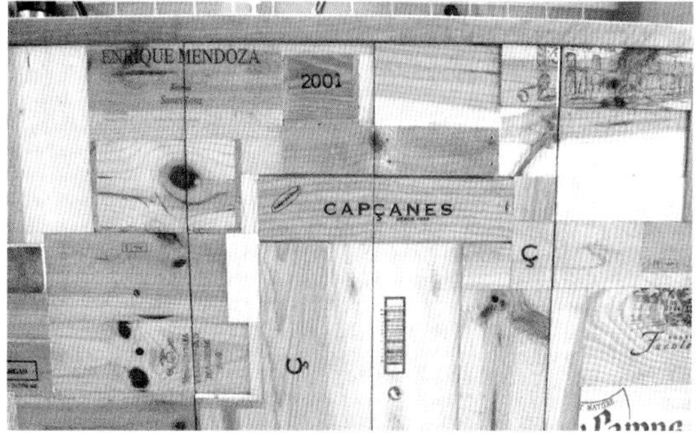

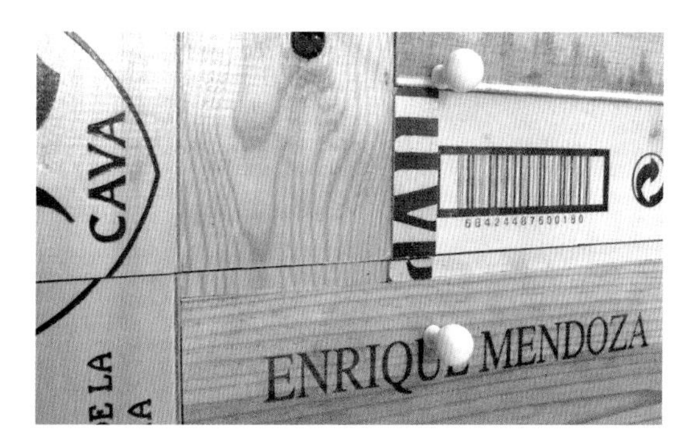

这座位于埃尔埃斯科里亚尔（西班牙）的 Fujy 项目代表了可持续性发展的最新技术。这个时尚的厨房包含了一个使用回收材料制成的操作台和 A 级品质的家具。电炉使用的是可再生能源。

这座预制结构住宅使用了FSC认证的木材和无甲醛家具。工作台面包含了回收利用的纸制品，所有的器具的品质都是A级或者更高等级。室内的地板使用了竹制板材地板。

选择厨房工作台的材质应使用天然花岗岩或人工仿制品。花岗岩抗热，但是在生产过程中会产生大量废料。SILESTONE 面材具有良好的外观审美品质，但它是由石英以及从原油中提取的树脂和抗菌材料（三氯）制成。因此，这种材质制作的工作台被认为能够抗菌但是不能完全做到环保。

石英是一种非常坚硬但多孔的矿物岩石，所以在操作过程中应注意不要污染台面。它 90% 的成分是碳酸钙，所以应尽量避免与酸性物质接触。

如果采用木制工作台，请确保木材是从可持续种植林场取材。推荐使用山毛榉或橡木，最可靠的认证来自森林管理委员会（FSC），在这方面它是最严格的评审机构。实木通常建议在合成板材中使用。
为了提升木材的耐久实用性，需要对其进行良好的维护。推荐使用天然油漆对木材进行打光处理，以防止木材受潮。

不锈钢制作的工作台清洁而且安全。从卫生因素考虑，不锈钢材质的工作台是专业厨房的最好选择。然而不锈钢材质外观冰冷而且在生产过程中要消耗很多能源。

陶瓷材质不能被视为 100% 的环保，因为其生产过程中要消耗大量能源。它是由黏土、钾长石和海盐，在 2400 ℉（1300℃）的高温下制成。它们既可用于厨房，也可用于地板。

如果要选择竹材来制作台板面，请确保材料产自采伐和补种过程被严格监控的林场。

Grupo Cosentino 公司生产了这种共聚氯醇橡胶工作台，它可用于厨房的工作台、浴室、墙壁和地板。它的密度极低，具有高耐久性。这种材质不需要再覆面，能够防止生锈、防刮划和防热。这种产品经过 C2C 认证，具有绿色保障标志。绿色保障认证标志证明了产品不会对住宅的室内空气造成不良影响。C2C 标志确保了当产品生命周期结束时，将被重新回收利用到工业生产循环中去，不产生废料。

Cosentino 生产制造的这种共聚氯醇橡胶，75% 的成分来自从工业生产和生活消费中回收的材料，25% 是天然材料。回收材料主要是玻璃、镜子、瓷器和玻璃碴。天然材料是指微量的石英和一种常见树脂，其 22% 成分是玉米油。

这座厨房的地板和橱柜使用硬木制作。向阳的墙壁根据室外温度来储存热量。房屋采用了预制结构建造方法，这种方法能够较少地产生废料，缩短组装时间。

这座厨房设有一个用樱桃木制成的中心区。地板和工作台面使用刨花板制作而成。这些板材是使用聚氨酯或三聚氰胺尿素苯甲醛将木屑胶合起来制成。刨花板是实木的环保替代材料，但由于其在高温高压的制作过程中使用了化学添加剂，会向空气中挥发甲醛。

这座在 2008 年希腊高交会上展出的革新性厨房，是一座使用了刨花板材质地板和栗木天花板的美式风格厨房。需要明确的是所使用的刨花板材质含有低量的甲醛，而刨花板和栗木两种材质都有可持续性材料认证。

这座位于芬兰的住宅，地板和墙壁的材质是云杉木，经过天然油漆处理而成。厨房家具使用的是樱桃木，覆盖了不锈钢工作台。餐桌则由枫木制作而成。

地板和工作台都是由木材制作，这些木材由一家名为 Listone Giordano 的跨国公司生产。这些木材由天然油漆处理而成，为不挥发性有机化合物。

这个厨房中的木质地板和家具使用了德国 Auro 牌的天然油漆保养维护。

Delta Concinas 设计的这款橱柜，由坚固的竹子制成，这些竹子来自于从采伐到补种过程严格监控的种植园。同时采用了 LED 射灯照射的不锈钢的工作台。不锈钢是一种洁净又安全的材料，但材质中包含了高耗能。

这座住宅的地板、墙壁和橱柜的陶瓷板由 Deutsche Steinzug 公司生产，这家德国公司根据洁净生产的规则标准来生产高能耗材料。

在厨房中采用自然光是降低能源消耗的根本性方法。Oble G.Bowman 设计了这款中央天窗来充分利用自然光线。阳光经过有孔的金属板（形成一个切去顶端的金字塔形状）过滤后散射到室内，一些阳光反射到厨房隔壁的房间中。天窗在夏天能排出热气、更新室内空气。

如果厨房没有与室外相通的门窗，应使用更高效的照明。很多年来在厨房里使用的是冷光源的荧光灯或低质量的照明灯。Osram 生产的 Dulux Carre 是荧光灯的替代方案，具有审美外观并消耗较低的能量，可用于室内外的照明。

位于柏林的这座公寓的楼梯井植物墙，由于植物的净化作用，为室内提供了高质量的空气。

对于烹饪来说，最环保的选择是使用燃气或电炉。如果电力供应系统不是由可再生能源供电，那么使用电炉或电磁炉则就应慎重。最具可持续性的做法是使用太阳能烹饪。太阳能灶的性能由具体采用的配件而决定。

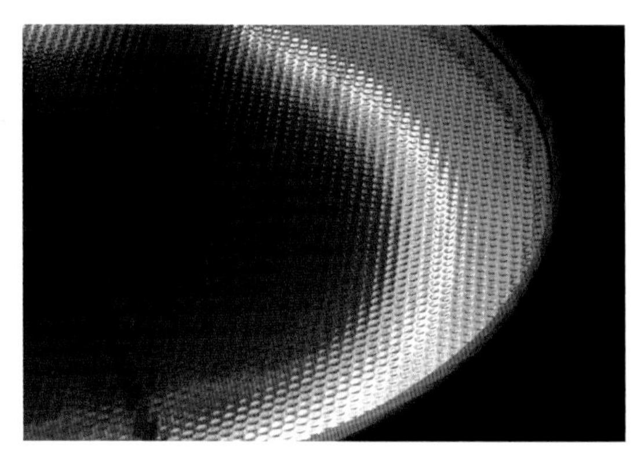

“自然光”（Natural Light）是一款连接厨房水龙头的水过滤部位系统，其能够改善饮用水和烹饪用水的口味、气味和颜色。关键因素是一个碳活性颗粒过滤器和一个已申请专利的矿物质高度净化方式。设备除去了水中 99% 的氯，尽可能除去了有机污染物（杀虫剂、油脂和二恶英）、沉淀物和重金属。与此同时，采用此种净化水还间接地降低了瓶装水的购买量，减少了塑料废物的产生。

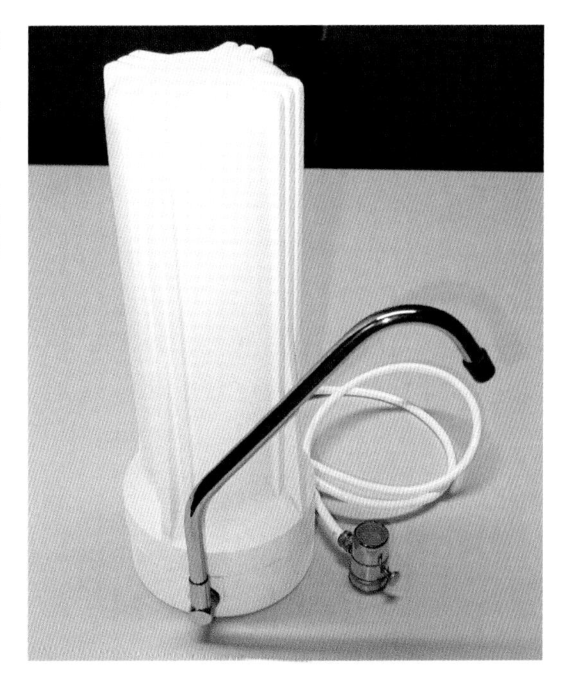

在水龙头顶端安装水流节制器，是厨房中的一个简单又便宜的附件器件，它能够减少 50% 的水流。最好的做法是生产厂家能够提供该产品使用的环境条件指导。

安装一套家庭自动化系统可以显著地节约能源。以厨房为例，其中有很多家用电器，如能对占住宅总电量消耗的 8%~10% 的电器待机模式加以监控和管理，则是十分必要的。

卧室

卧室是住宅的私密空间。卧室的布置体现了风水学理论，同时根据我们的个人喜好确保这是一个适宜休息的睡眠空间。这个空间应该是中性的，应定时通风，最大限度地使用自然材料（家具、地毯、床垫和布料），使用水质油漆将墙壁粉刷成浅色，不在墙上做过多的装饰，尽量少用电器设备。

这座预制结构的卧室原型在亚利桑那州，是由Jenniffer Siegal指导的学生建造，用来作为客房。这张图片展示了沿着这个矩形空间如何形成良好通风。中庭将公共区域和私密区域区分开来。

如果卧室不使用窗帘和半透明遮光板，在自然阳光下醒来更有益于健康。同样，提倡在夏天形成对流通风或在冬天间断性通风以避免室内潮湿。

如果铺设地板，应确保板材的原料有可持续性生态认证（FSC），地板是以天然油漆加工而成，并能够支持地板采暖系统。正如这个示例中 Liston Giordano 的地板表面。

这座根据零能耗建筑（ZEB）规则建造的房子 100% 使用了预制构件，例如构成房屋内墙的木板和外墙的结构。零能耗建筑每年的外部能源消耗接近于零。它是自给自足的可再生能源系统。

同其他房间一样，在卧室中使用的地毯或其他小毛毯，不应该含有不稳定的有机化合物（VOCs）。家具表面应该是光滑的，应取材于本地或者经国际机构认证。山毛榉是几种最为推荐的木材品种之一。

明亮的颜色不适用于卧室。为了在这个休息的空间中实现平稳安静的氛围，房间应使用中性色调：白色以及从米黄到赭石黄的系列色。为了房间的整体协调，被子和床单最好是白色。

在卧室中推荐使用基于构件的可组装拆卸的家具。例如，可折叠成沙发的床，或一些更小的细节，诸如既可以在起居室使用也可以在卧室使用的双向电视机。

组合空间是为小面积住宅或学生公寓量身定制的。公寓与家庭住宅相比，小户型往往使用效率更高，因此具有更小的碳足迹。
这是一个折叠床的例子，它能够更好地利用起居空间。白天，可以在床的位置放一张桌子或其他东西，也可以将这个地方空着，以方便室内活动。

浴室

浴室是用水最多的空间。举例来说，当我们冲洗马桶时，几加仑的洁净水被我们冲到了下水道中。截至目前，一般的居民已经清楚了解了淋浴和洗浴在耗水量上的差别。

理想状况下，喷洒用和水池中的水可以使用过滤处理过的雨水，水箱中的水可以使用家中经过净化的中水。

水的质量是另一个需要考虑的因素：要确保水中氯成分含量较低，不含重金属、杀虫剂和挥发性有机化合物。具有讽刺意味的是，大城市的饮用水系统经常含有除了水本身以外的其他物质。

在浴室中，使用地采暖系统或散热器，以及用太阳能热水系统或颗粒燃料炉来加热水是较理想的方式。

位于智利海滩的这座住宅的浴室，同时代表了自然构成元素（水池、镜框和用木材覆面的墙壁）和简单结构造型。照明系统尤其自然环保，采用了低能耗的荧光灯照明。

这座位于弗吉尼亚的住宅获得了 LEED 金奖可持续建筑认证。卫生间用水是由地热系统(加热或冷却)供应的。遗憾的是，浴室的照明系统采用了卤素灯泡，但住宅大部分采用了效率更高的 LED 灯照明。陶瓷马赛克墙砖采用了从工业生产后期回收的材料。

简单风格的浴室更受青睐。这个位于比利时住宅的浴室特点是使用自然元素，例如柚木。但柚木不是取材于本地，因此应确认材料来自可持续性产地。

MOD是VitrA的新系列产品，由Ross Lovegrove设计。它是由陶瓷和竹材组成的模块系统。产自可持续种植园的矮灌木是木材的替代材料，从而为浴室带来渴望拥有的自然感触。

为了适应奢华感的审美要求，这间浴室使用了Agrob Deutsche Buchtal Steinzug公司生产的陶瓷材料，这些陶瓷材料根据洁净技术标准制造。金色装饰元素的使用可能会产生一些问题，因为金属色材料中通常含有高比例的重金属元素。

对于起居室、厨房和卧室，Listone Giordano 销售的木质地板使用天然油漆抛光并具有国际机构（FSC 或 PEFC）认证，适合做室内地板和盥洗台。

Claudio Silvestrin 在他的Le Acque. A系列作品中设计了这些造型简洁自然的浴缸和洗手盆。设计返璞归真，外观优雅。

Deutsche Steinzug 生产的 Hydrotect 瓷砖模拟了荷叶的特性，通过添加包含疏水蜡的纳米微结构物质可阻止水和灰尘的附着。该产品同样受到采用聚四氯乙烯板（Teflon pans）生产的能够排出水滴的疏水剂启发。Hydrotect 瓷砖表面含有钛的二氧化物，其可催化阳光、氧气和水分之间的化学反应。这一催化过程生成的活性氧可破坏诸如细菌、真菌和水苔的组织结构。

在烧制过程中增加一层防护层，不仅适用于墙砖，也适用于地板砖。这层薄膜去除了家具中挥发的甲醛、烟草、厨房油烟味道和浴室的味道。

传统的瓷砖遇湿会在表面凝结成小水滴，但 Hydrotect 瓷砖会凝结成一层水性薄膜去除掉灰尘。水分和灰尘可以使用抹布来清理，这样能够减少用来洁净墙壁的用水，从而减少了下水道的负担，同时还免去了使用家用清洁剂，除非该清洁剂有环保认证，否则会含有对健康有害的物质。

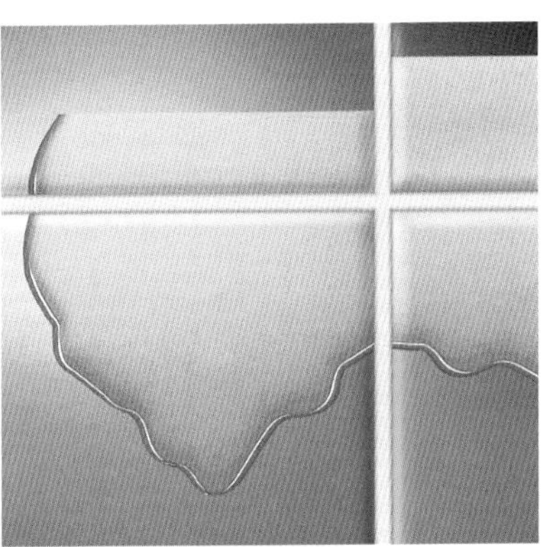

模块组合家具的使用节省了空间，减少资源的使用，能够给浴室空间一个简洁的外观。这非常符合浴室洁净卫生的价值原则。

这个禅宗意境的浴室，由于有了大型的中央天窗而沐浴在自然光线中。浴室并不一定能够获得自然光线，尤其是在公寓中。一旦浴室能够获得自然光线，将能够节省能源，并为房间的主人带来益处。

陶瓷锦砖常用于浴室的地板和墙壁上。由再生玻璃制造的玻化陶瓷马赛克，在其产品中 100% 地含有回收玻璃，并使用了聚氨酯聚合和粘合系统。
这种使用回收原材料的做法在生产过程中节省了 60% 的能源消耗。对于生产厂商来说，再生玻璃马赛克相对于陶瓷的较小质量，就能够减少至少 25% 的能源消耗。另一个好处是，这种类型的马赛克能够铺砌在纸板上，这样就取代了使用产生更多污染废物的玻璃网和 PVC 粘接材料。

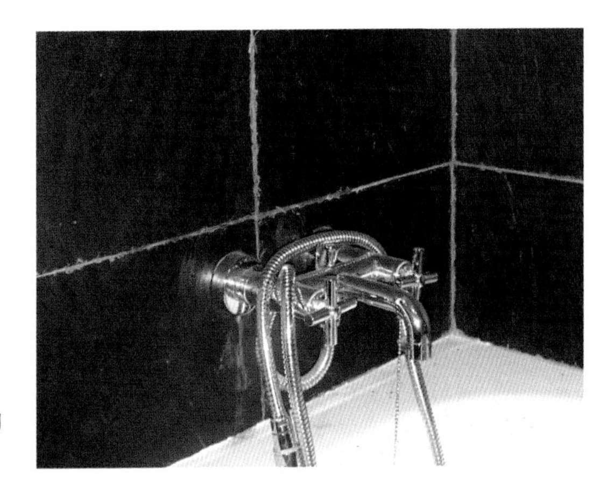

总部位于巴塞罗那的 Zicia 公司使用回收塑料生产的这种合成板材，可用于房顶、墙壁和浴室。

Dornbracht 公司生产的 eTech 和 eMote 系列自动化电气水龙头，是利用传感器来操控，更加卫生并且节约用水。使用者只需将手放在水龙头下，水龙头便可不通过接触而打开。这种系统通常用在商业环境或公共场所，但同时也在家用市场销售。

Dornbracht 公司生产的 eTech 和 eMote 系列产品包括一个防水和防尘的连接系统和一个符合 IP67 保护标准的电池盒。在不同的国家，有不同的机构来管理制定这些标准和规范。

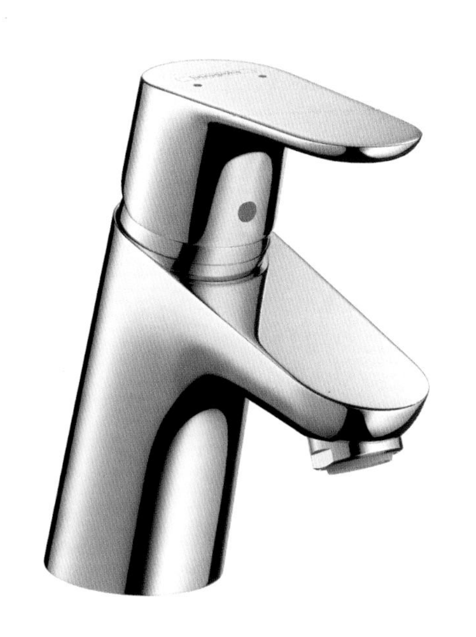

Hansgrohe 在水龙头生产中采用了 EcoSmart 技术，该技术通过安装特殊的喷嘴和添加空气而限制水流。这种做法在不影响使用舒适度的情况下，每分钟可以减少 1.3~2.1gal 的水消耗。如果出水量减少，被加热的水量也会同样减少，这样就间接地减少了能源消耗。

乐家（Roca）公司生产的全混合型水龙头，由于其安全的棘爪系统而节省了 50% 的水量消耗，如果需要更大的出水量，只需将水龙头向上提。水龙头上集成了一个用来降低水温的设备。

Tres 水龙头能够降低 50% 的水资源消耗和能源消耗。打开时水龙头位置居中，流出的是冷水；只有将龙头向左转时，才会流出热水。

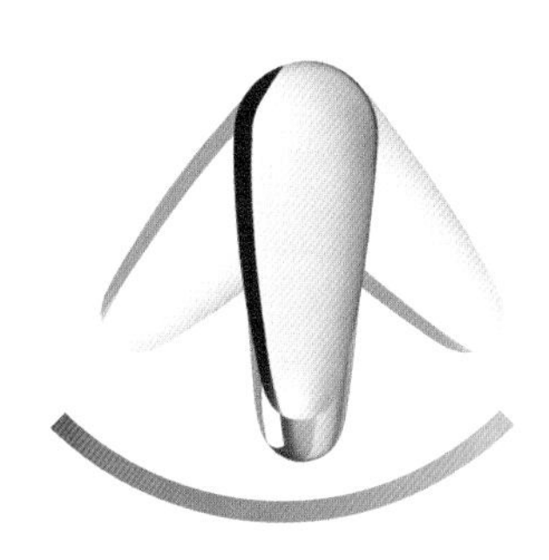

传统单控水龙头

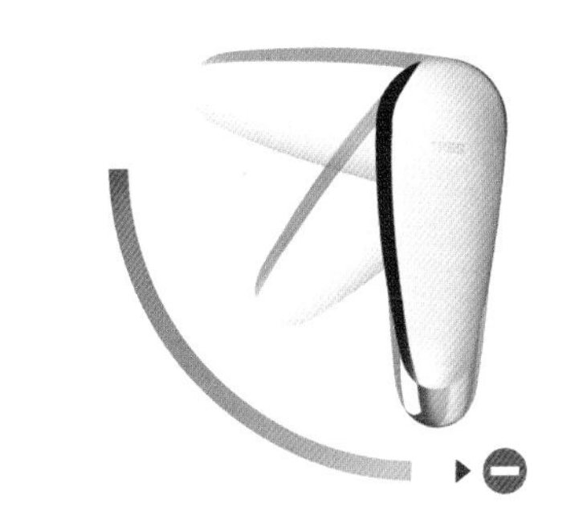

Tres 单控水龙头

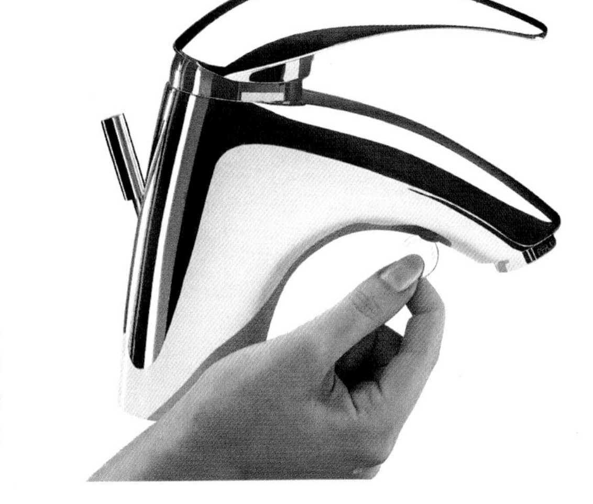

Tres 水龙头的另外一个好处是可以便捷地控制水流。使用硬币来调节水管下的控制螺丝，可以起到选择水流压力的作用。这套系统获得了 Generalitat de Cataluna 授予的环境质量保障荣誉标志，该荣誉是由加泰罗尼亚政府颁发的环保标志。

W+W（洗手盆 + 水冲马桶）的创意是由乐家公司的创新实验室提出，由 Gabrieie 和 Oscar Buratti 设计。这项设计结合了浴室空间里的两个关键元素：马桶和洗手盆，通过一个有吸引力的设计将二者合二为一，节省了浴室空间。此外，提供一项多功能的产品就能够减少使用的原材料和在生产过程中产生的废料。

这套系统减少了 25% 的水资源消耗，因为洗手盆中用过的水可以流入马桶的蓄水箱。该系统采用了一套自动清洁系统来防止细菌在水中和空气中滋生。

Kendo-T 水龙头，采用了一个热静态混合器，在各种水流压力下，都能自动保持用户选择的恒定水温。

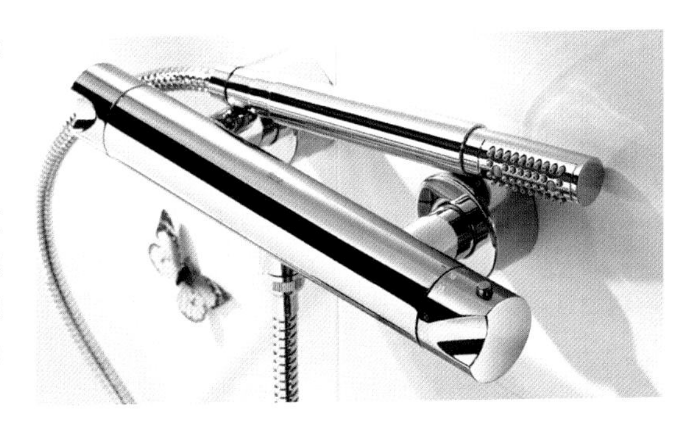

汉斯·格雅（Hans Grohe）这家德国公司销售手持喷头，可以降低水资源消耗。Raindance 系列产品使用了空气动力技术：在通过花洒出水孔的水中加入了空气气泡（每升水加三升空气）。这个系列的产品和 Crometta 85 Green 型号的产品使用了 EcoSmart 技术来限制出水流量。

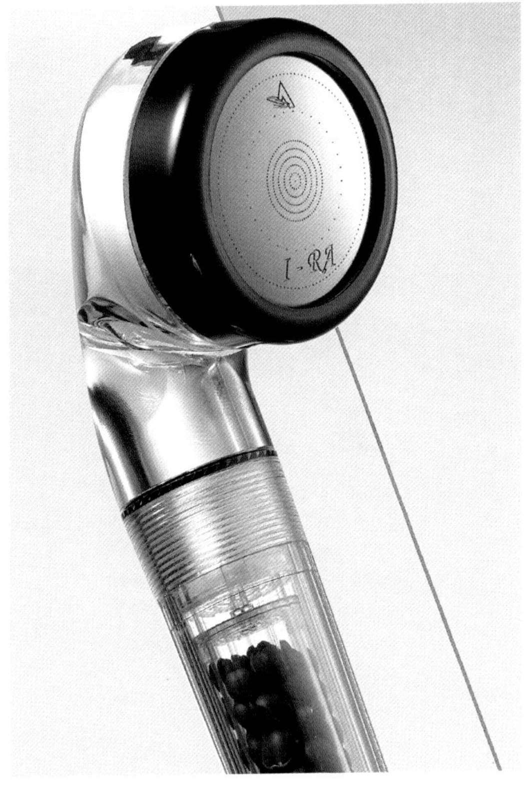

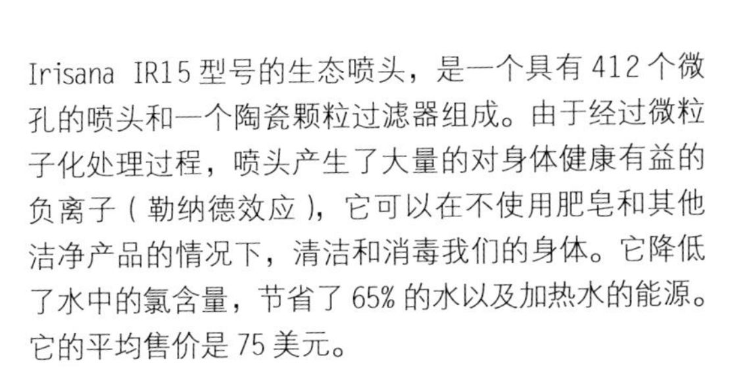

Irisana IR15 型号的生态喷头，是一个具有 412 个微孔的喷头和一个陶瓷颗粒过滤器组成。由于经过微粒子化处理过程，喷头产生了大量的对身体健康有益的负离子（勒纳德效应），它可以在不使用肥皂和其他洁净产品的情况下，清洁和消毒我们的身体。它降低了水中的氯含量，节省了 65% 的水以及加热水的能源。它的平均售价是 75 美元。

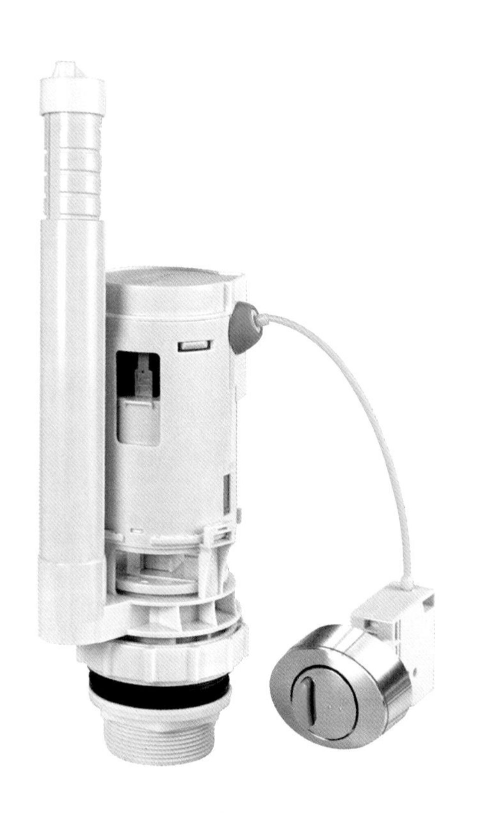

在卫生间便器中使用双挡按钮方法在发达国家已广泛普及。很多国家的建筑法规要求在新建建筑中安装这种设备，但在很多已有建筑中使用了更多其他的精巧的解决方案来降低水资源消耗。

水体积减少装置是一个简单、经济，被证实有效的生态环保装置。它能够用来减少马桶水箱中的水量，每次冲洗马桶可节省 2qt（1.8L）水。在这个装置的包装上印有生态环保信息内容以提示使用者注意。使用这个装置每人每年能够节省 1000gal（3800L）的水。

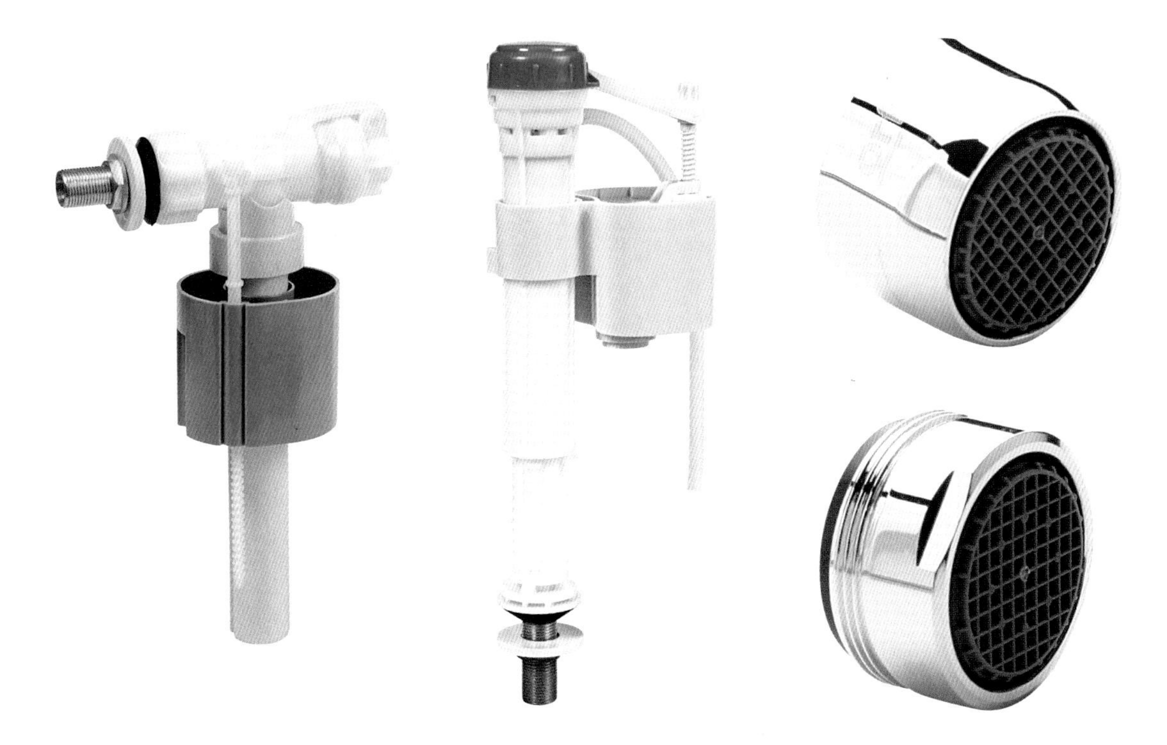

Orfesa 生产的低填冲量侧向龙头采用了一个控制机制能够调节马桶蓄水箱里的水量。这种水龙头安装方便。

在厨房和浴室的水龙头中安装进风装置能够节省 50% 的用水量。Orfesa 销售带有塑料过滤内芯的系列产品，塑料过滤内芯可以去除水垢。
传统的进气装置经过一段时间的使用，会因水垢的沉积而降低使用效率，因此推荐采用定期使用醋来清洗的方法除去水垢。

使用 2gal（9L）/min 的水流稳定器与传统标准的淋浴喷头相比可节省 50% 的用水量。这个控制阀门应安装在水龙头和可活动的软管之间。这个装置可以防止不论因供水网络的水压突然变化，还是人工调节龙头而产生的软管中水压骤然升高，而稳定喷头的出水流量。

植物因其具有空气净化作用而适宜摆放在浴室中。单独摆放植物不能够达到期望的效果，应配合使用除湿干燥设备，例如风扇。不推荐使用 PVC 扇叶的风扇，因其含有氯和邻苯二甲酸盐（将高硬度塑料与低硬度塑料合成的塑化剂）等成分。

在夏天和冬天舒适和健康的理想湿度在 45%~55% 之间。根据压缩液化原理，除湿器吸收空气中多余的水分，将其存储到水箱中。这种做法能够改善空气质量，防止霉菌滋生。它同时能减少蜘蛛和菌类的生长和蔓延，是易过敏人士的明智选择。

Sancor Industries 销售这种 Envirolet 堆肥马桶，这种马桶能够有效地节水。这种系统不使用水，使用热蒸汽将排泄物中的水分蒸发掉，使用一根小的管子把多余的气体抽掉。如果要加速分解过程，可以使用催化剂。降解的肥料从建筑底部的空间收集，一年收集两次。
远程系统，每次冲水仅用 16oz（0.5L）水，最终可以将 3 个马桶连接至一个堆肥箱。

我们讨论了节约用水的好方法，例如两档冲水系统，水龙头口有网罩的加气装置，使用淋浴替代泡浴等。最有效的办法是家庭使用两套供水系统：饮用水供水系统，该系统的水适合饮用；另外一套供水系统另当别用，水源由净化系统和灰水（水池、浴缸、淋雨和洗衣机排水）再利用系统供应。

室外环境

虽然本书主要关注住宅的室内设施，但根据可持续性发展的原则来布置我们的阳台、天井露台和一小块空地也是同样重要。这些室外空间是很好的试验场地，可以使用可回收比例高的材料，安装可再生能源设备，将本地的植物种植在花盆里或花园中。

Algui-Envas 公司生产一种使用回收塑料制作的地板砖，这种地砖能够防水，适应各种天气（潮湿、冰冻、紫外线）和防腐蚀（海水、酸性物质和油脂）。这种产品比木制品和花岗岩重量轻，获得了德国 Der Blaue Engel 环保认证。

Algui-Envas 公司同样销售使用回收塑料制成的可用于铺砌阳台的塑料板。这种类型的产品是原始材料的替代品。原始材料自身消耗的能源更高，除了在生产过程中消耗的能量，同样还要考虑开采消耗的能量。

这座住宅位于京都，它的绿色房顶具有混合功能：作为一个室外空间和相邻房间的通风净化区域，还能控制温度。在夏天，这种类型的房顶不会太热。到了冬天，在没有陈设的室内露台积聚的寒气也没有那么刺骨袭人。

Algui-Envas 公司同样为公共和私用的花园提供花园围墙、长凳以及花园种植器皿。产品都是使用可回收塑料制成，这些产品获得了 Der Blaue Engel 环保认证。

合成木材或工程木材是一种结合了木材优点和塑料树脂（聚烯烃、聚乙烯和聚丙烯）优点的产品。符合环保标准的合成木材不需要维护，它不会腐烂和开裂，而且能够防虫，抵御热辐射。合成木材的原始材料95%是回收材料；这些木材来自锯木厂未处理过木材的木屑和欧洲市场的家具制造商。所有的供应原料都有PEFC环保认证。

合成木板可以像实木木板一样使用。它们使用了同样的处理技术和处理设施。这种底板很适合户外使用，可用来做花园的地板以及屋顶和墙壁的覆盖板。原材料中使用的聚烯烃是从工业生产和消费过程中回收的塑料。

Ecoralia公司销售这种Madertec环保地板，这种产品可以完全防腐，不会开裂，可免于维护。由于它具有良好的防潮防水性能，因此推荐用来做游泳池的地板。这种地板100%可回收再利用。

Gabarrd公司销售的这种木地板，可以用在花园、池塘和露台上。获得了FSC认证来自不同的产地的原材料有：巴西核桃木、龙凤檀香木、黄檀木、桑木、红木和佛兰德斯木。

Leopoldo 提供了这种可以种植蔬菜、食用植物和药用植物的容器，适用于在传统花园模式上做了调整的城市花园。它可以垂直放置，尤其适用于狭小空间。L 型号的产品，售价在 200 美元，重约 7lb (3kg)，底层的总容纳体积是 21~26gal (80~100L)。

另外一种选择是使用镀锌的钢板材质的种植桌，尺寸是 27×55in (70×140cm),这种种植桌很容易组装 (只需要八个螺丝)，可以安装在露台上。这种产品有一个集成的滴灌系统。

在城市的阳台上使用堆肥器并不常见。堆肥器通常应用在有院子的住宅中。在堆肥过程中 (有氧分解)，剩余的食物和花园植物变成了腐殖质，腐殖质是植物的良好肥料。这个过程帮助我们将土地给予我们的物质还回去，完成自然界的循环过程。这张计算机合成图片向我们展示了堆肥箱的使用。

Graf这家德国公司销售类似这种70gal（265L）的生态堆肥器，这种堆肥器有一个易于填充的广口和一个可移动的盖子，采用可回收的聚乙烯制作。腐殖质可通过前面的小门取出，或倾倒容器取出。

Graf 公司生产的这件 Eco King 堆肥器，容量是 79gal（300L），采用可回收聚乙烯材料制成。这件堆肥器有一个使用方便、舒适的顶盖，并且采用了一套改进的通风系统来加速废料降解过程。

堆肥箱是由 Compostadores 公司设计制造的新型产品。模块化的设计是一项改进革新。可以从一个最基本的堆肥箱模块（39gal，148L）开始，添加组合更多的箱体。堆肥箱 100% 地由消费后的回收材料制成，底部有一个拖盘可以收集渗出的液体，因此适合在城市的阳台上使用。使用堆肥箱的灵活性在于可以使用一个或多个箱子收储院子里过一段时间后可以降解为废料的废弃物质。

Vericompost 设备是一种有氧分解过程，其与蚯蚓有关。分解的产物是富含养分的腐殖质，可以用作肥料或土壤添加剂。一个小型的 Vericompost 可以将厨余废料分解成高品质的肥料，尤其适用于受限制的狭小空间中。如果有阳台，Vericompost 将是最好的选择。

Solar-Fizz 是一种喷洒蓄水池，可以在一分钟之内安装好，并且只需一根连接水源的软管。它的高度在 4.2~7.5ft 之间（128~229cm）。它有一对与蓄水系统集成的太阳能采集器。使用太阳热能加热水，每个柱形容器能够存储 8gal（30L）。

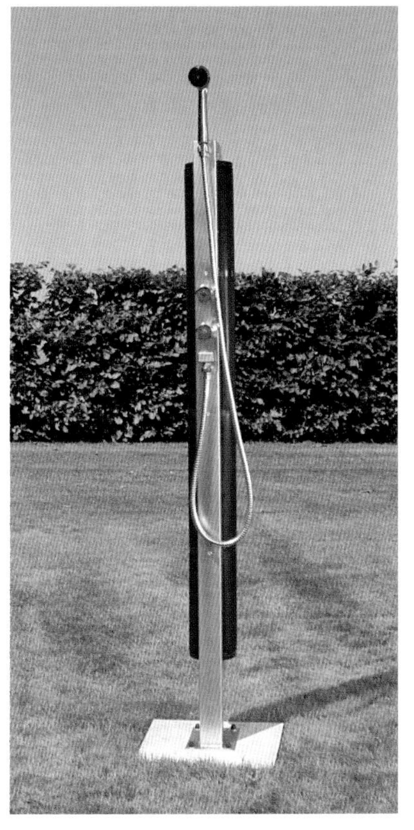

池塘是一项浪费水资源的奢侈设施，应避免建造。对于必须要建造的池塘，最好的做法是使其自然化，即不使用化学用品来维护，使水自然净化。这个过程发生在淋浴和泳池等开放区域的旁边。这套系统模仿了天然水中微生物的净化过程。这个系统的推荐尺寸是270in^2（25m^2）。可根据池塘的位置采用芳香植物，例如水生薄荷或观赏性水生植物。

自然的池塘在春天和秋天所需的维护较少，但在夏天需要每周维护。

在花园到房屋的入口处设计一个走廊是推荐的设计方式。它起到了遮阳棚的作用，可以避免室内温度过热。如果外部顶棚使用天然木材，应确保木材来自可持续发展林场并尽可能就地取材。

设计花园时应充分考虑资金投入、施工时间、土壤质量、庭院采光和全年的气候等因素。

最有效率的灌溉方法是使用滴灌系统。用湿度传感器监测土壤的湿度，只在必要的时候浇灌。在决定选择一套节省用水的灌溉系统前，应考虑在花园中种植不需要经常浇水的耐旱植物。如图片所展示的这样，在干旱少雨的气候下，产自本地的抗旱植物更能适应干燥的环境。从环境角度来考虑，这是最合理可行的选择。花园应使用自然肥料。

生态住宅的零配件

贯穿于本书，我们一直经历着一场在住宅的设计阶段采取环保方法的令人兴奋的旅行，提高人们改善住宅内部环境的意识。我们已经介绍了需要投入更多本地资源的技术性解决方案，需要更高初始投入的解决方案，以及只需改变日常生活习惯的一些做法。接下来，我们列举了一系列住宅零配件能够发挥不同的功能，以不同的目的来使用这些配件：净化室内空气，创建更健康的环境；小规模使用光伏太阳能，或简单地提高使用回收材料制成的家具。这些都围绕着那个崇高的想法：小举措发挥大作用。

Andrea 是一款由 Mathieu Lehanneur 和 David Edwards 设计的自然空气净化器，这两位发明者是受到了在 20 世纪 80 年代开展的国家航空航天局的实验的启发。空气的净化过程是在设备中植物的叶子和根茎中发生的。最佳植物种类是绿巨人、龙血树、吊兰和芦荟。这种新的设备将回答究竟是单独养殖这些植物更好，还是出于空气净化目的生产这种新产品更好的问题。

除了卧室之外，推荐在住宅中摆放植物能够起到净化空气和减弱噪声的作用。Greenmeme 使用 CAD 软件设计的这套 Live Within 系统，包括植物、滴灌系统、培植土壤层和照明设施。

节约用水是世界很多地区的优先选择。这个设备是由澳大利亚人 Ian Alexander 发明的，在乡村地区这是一件非常珍贵的日用商品。它在清洗碗碟、蔬菜和水果时把水收集起来，根据水被污染的程度，或用水来浇灌植物或者将用过的水倒入马桶中，或用来为宠物洗澡。它的形状正好与厨房的水池大小吻合。

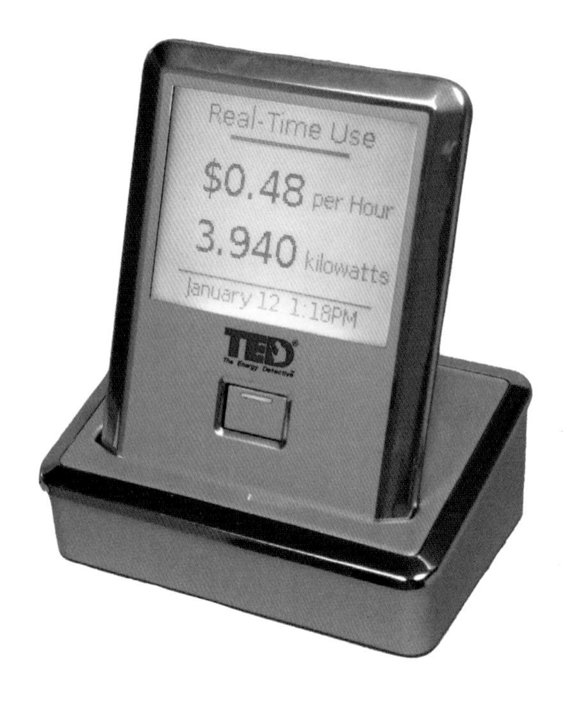

在采用节省能源消耗的方法之前，我们要先了解家庭的总消耗电量，尤其是每种设备消耗的电量。
Energy Inc 生产的这种 TED5000 无线电子检测器，利用安装在家庭线路断路器面板上的一个传感器，将数据传输到远端显示器上，使主人能够实时读取家庭消耗的电量数据。这些数据同样被传输到家用电脑上，利用转移电子足迹软件来查看和分析。另外，数据可以在网络或者移动设备上查看，还能够与谷歌功率表兼容。
主人可以实时、按月、日平均和预计千瓦时使用量的方式来跟踪电量的使用情况，也可以以一定的频率结构来观察实际的耗电量，如平缓的、阶梯的、季节的或使用期范围内的。
TED5000 有多种产品展示和购买组合，售价在 200~500 美元不等，具体价格取决于监控电路板的数量和远程显示器单元的数量。

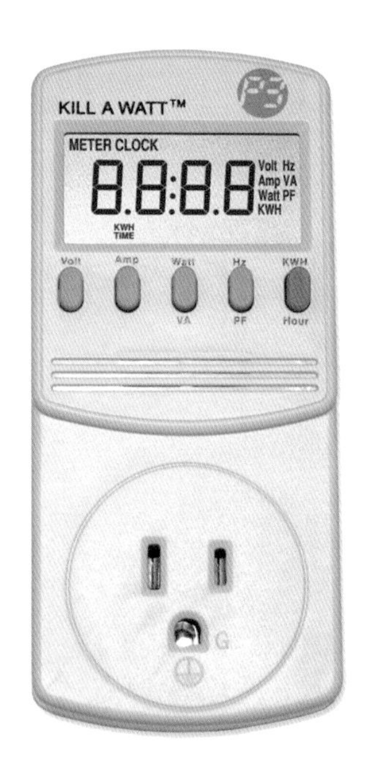

电量控制器用来计算家用设备消耗的电量，以千瓦时为计量单位。它由一个显示屏和一个连接电器设备的插口组成。售价约为 30 美元。

带有控制开关的插线板能够有效地节省电器在待机模式下消耗的电能，这种电能能够占到家用总电能的20%。对于处于空闲状态的电器来说，使用带有控制开关的插线板是最好的选择。The Belkin 牌节能防电脉冲器是一种远程控制的操作器，只需一个简单的开关便可以关闭连接在同一电力点的所有电器设备。它的售价取决于不同的经销商，大约在 50 美元左右。

Fundacio Terra 通过发起“太阳能游击战”运动，销售 GS 120 成套光电板产品。该产品目前只在欧洲有售，这种电气设备为住宅中的每个插口提供了可再生电能。它由一个 120W 的峰值功率光电板模块和一个 125W 的与电网连接的转换器,该设备年均可产生 144kWh 的清洁电能。这种光电板可以自行安装，只有在连接电网时才能工作。设备在不产出电能时与电网断开，此时正如一般的用电户,而不会产生孤岛效应。光电板应面朝南向安装。这种设备被设计可自行消费产生的电能，节省电能和减少二氧化碳排放。设备室最好安装在天井（需符合当地城市规划规范要求）或私家花园里,售价约为 1000 美元。

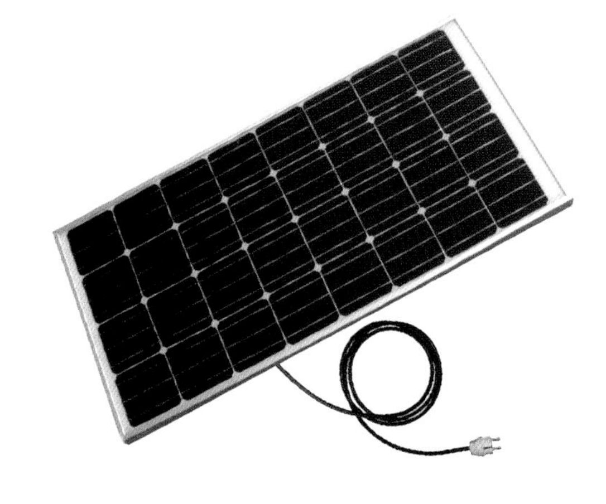

这款由 Fandi Meng 设计的 Sunny Flower 是一种太阳能充电器。它像一朵花一样工作，花瓣打开时，吸收太阳光线。如果定位准确，它可以吸附在玻璃上。它可以为手机或 MP3 充电。

HYmini 是一款为移动电话和 MP3 播放器(取决于型号)，带有 USB 接口的电池和 PDA 设备设计的充电器。设备有一个 USB 接口，因此可以与众多类型的电气设备充电器相连接。5 伏·安的光电迷你型太阳能板被安装在这个设备中。

这个设备重 3.17oz（约 90 克），被设计用于骑自行车兜风或者跑步时使用。它同样也可以安装在天井或阳台上（空气要达到干燥条件，风速不低于 9 英里每小时或 15km/h）。该设备的售价是 75 美元。

对于处于适宜的太阳纬度的住宅，大力推荐使用太阳能灶，因为太阳能灶不产生污染，也不发出火焰。alSol 公司销售的 alSol1.4 型号的太阳能灶售价最多是 325 美元。它产生出的热量相当于一个 600W 的电力燃烧炉。它利用了经铝金属表面反射而集中的热量来工作。热量被发送到炒锅的位置（最好采用黑色炒锅，以便更好地吸收热量），能够烹饪各种类型的食物。

两个人可以在两个小时之内将 alSol1.4 型号的太阳能灶安装好。理想情况下，太阳能灶应该安装在阳台上或者庭院里。

烹饪所用时间举例：煮 6 人用咖啡，10 分钟；11Ib（5kg）的烧烤土豆，60 分钟；烤一块软蛋糕，45 分钟；10 人用西班牙什锦饭，90 分钟；太阳能灶的预计使用寿命是 20~30 年，重 20Ib（9kg），尺寸是 41×16×2in（10×41×5cm）。

在发展中国家，使用太阳能灶可以替代木材的使用，进而防止砍伐森林。

Lasentiu 制造商生产名为 ZIG-ZAG 的锯齿形瓶架。它的尺寸是 22in×12in×3in（56cm×30cm×8cm），它是由一种名为 syntrewood 的材料制成。Syntrewood 是一种由短途运输包装材料制成的塑料，不含粘合剂和其他添加物。

瓶架的基本单元由 4 个 V 形部分组成，可以一层一层叠加或者可以平铺摆放。

总部位于巴塞罗那的公司 nanimarquina 成立于 1995 年，其主要事业目标是消除印度、巴基斯坦和尼泊尔这些国家的地毯制造业中的童工现象。这家公司与国际组织 Care & Fair 合作。
通过实验使用回收橡胶产生新的织物产品，出现了 Bicicieta 系列产品小地毯。这种地毯在印度生产，取材于本地回收的自行车轮胎。轮胎被手工剪成条带状，在织机上由手工编织。

Francisco Cumella 生产的Ambara Long（长毛）和Ambara Short（短毛）系列产品其尺寸是80in×120in（200cm×300cm），是由结实、耐久性强的麻类植物纤维手工编织而成，经过天然染料处理，每块售价在1000~1500美元之间。

Francisco Cumellas公司的Havanna系列产品，是使用天然黄麻纤维材料，手工编织成淳朴风格的编织纹理，并使用植物染料染成红色、黑色、棕色和白色。它们的尺寸是66×94in（168×239cm），售价是700美元。

如果要选购注重环保的地毯，应遵循如下原则：它应使用天然的原始材料手工制作（羊毛、丝绸、棉、麻、藤类或其他可回收性材料），使用不含添加物的染料染色，因为添加物会挥发有机化合物，例如苯、甲苯或甲醛。不幸的是，多数羊毛地毯中都含有樟脑丸一类的杀虫剂。

我们推荐定期清洁地毯，以避免过敏反应、呼吸问题以及出现发霉和螨虫。每隔三至五年，地毯要专业的手工清洗一次。

房屋维护

本书中我们介绍了打造健康家务环境必需的实施方法、理念和使用的材料。本章我们将讨论家居的清洁、保养和阶段性维护。耐久性材料因其能够节省资源，而更具有可持续性。

当我们粉刷内墙和外墙、扶手和栏杆，或者木制品的内侧和外侧时，最好的选择是使用胶粘剂、石灰或天然树脂涂料，这些材料是采用土壤，石膏和植物色素来调色的。以植物为原料的涂料价格便宜，易于使用，但因为不具有良好的防水性，所以只能用在干燥的地方。以石灰为原料的涂料透气性好，由于石灰的特性，能够防腐防霉，它可以用于室外环境、潮湿环境和温度急剧变化环境中。自然树脂原料的涂料价格偏贵，颜色种类不多。

使用不能自然挥发有机化合物的涂料、油漆和溶解剂会增加对流层（大气中最接近地球的一层）中的臭氧含量。

直到20世纪40年代前，色素颜料和溶解剂都是天然的。如今它们已经被合成染料、化学试剂和石油制品所取代。最好的涂料是以亚麻籽油和大豆油为基础原料，或者由松柏树脂制成（尤其是针对木质材料），例如落叶松木和苏格兰松木，或者蜜蜡、松香、淀粉、石蜡、虫胶清漆和酪蛋白。

通常使用灰浆来保护和抹平内墙和外墙的表面。它也被当作一个基层，在这层灰浆上再涂抹油漆或其他涂料。灰浆面层可以隔声，使木材具有防火特性，同时能够吸收内墙表面的水分。
最好的灰浆是由石灰和沙质灰泥制成。应避免使用合成树脂材料制成的灰浆，限制使用水泥。

大理石是多孔的材料，因此有了污渍应及时使用肥皂和水加以清洗。锈渍和油渍可以使用沾了丙酮的纸巾来擦拭（因丙酮具有腐蚀性，所以清洗时应戴手套）。也可以采取使用苹果皮内侧擦拭的方法作为预防措施。为了去掉茶渍和咖啡污渍，可以在一杯水中溶解三大勺硼砂，用硼砂溶液清洗擦拭。其他污渍可使用水和双氧水的混合物来清理。应避免使大理石接触到酸性物质。

为了改善木材的特性，应特别关注木材的纹理和颜色，使用天然油，例如亚麻籽油、天然树脂和蜜蜡来维护。非天然的石油化工处理会对人体健康造成伤害。为了清除掉附着物，可以单纯地使用从树本身的树皮和树叶中提取出来的物质。

Livos 公司销售用来处理木材的天然油漆和天然蜡。以植物或矿物质为原材料确保了使用这些天然油漆和天然蜡来维护木材不会挥发出甲醛。
为了保护木地板，不应使其长时间地暴露在阳光下。在夏天或温度很高的时候，应在屋子中摆放一些水盆来保持室内湿度。如果沾染了污渍，可以轻微弄湿加以清理，地板会很快干燥。
为家具腿装上塑胶垫或保护套非常有用，尤其是在家具很重的情况下，能够防止剐蹭。

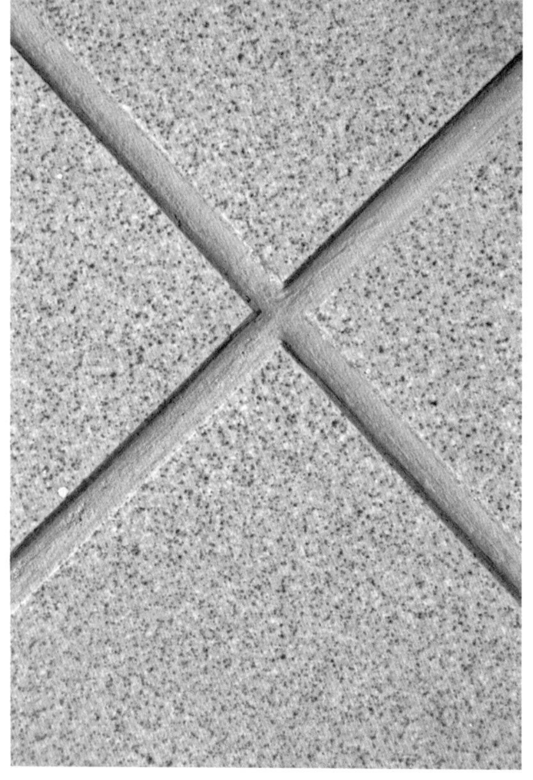

竹制地板可以使用拖把和除尘布来清理。偶尔也可以使用在喷洒了醋的温水里浸泡过的软布来清理。与木材相比，竹材能够完全防水，适宜用在浴室和厨房环境中。

对于瓷砖和石材，我们推荐以下方法：

- 定期使用醋和水清洗。
- 不推荐使用带打磨抛光的产品，因会使其比较容易吸灰。
- 对于未上釉的陶瓷表面和内面，可以使用天然蜡抛光达到增加光泽和修护磨损的作用。
- 每五年检查一次地板间的接缝。

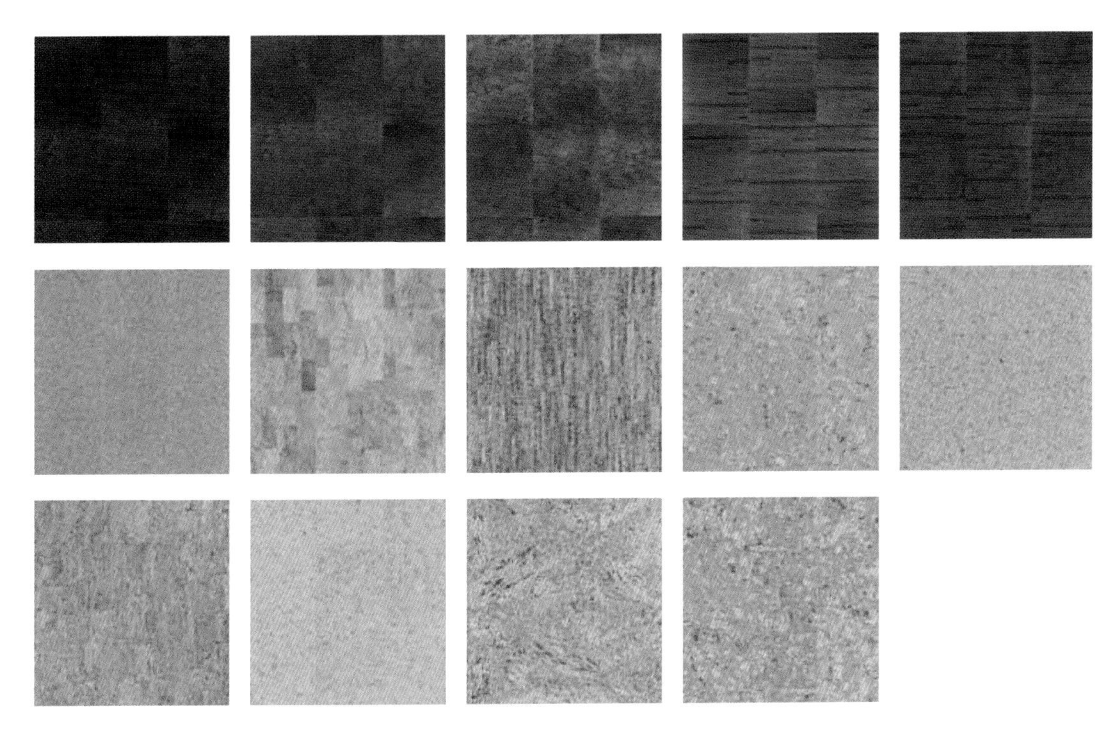

这个木材色板属于Wicanders地板产品系列的Corkcomfort产品，共有50多种软木，产品由Amorim公司销售。可以使用热水添加一些盐来清理软木表面。如果表面有污渍，可以添加醋和桉树油，可以为软木表面消毒，还会留有令人愉悦的香味。

除去亚麻油地毡上的沙砾可以防止磨损。根据生产制造商的说法，如果不是非常脏，只需使用添加了中性或酒精原料的清洁剂的水来清洗即可。如果污渍比较顽固，应使用圆盘抛光机器和pH值不超过10的清洗试剂。最自然的清洗表面的方法是使用加了醋的热水和中性液体肥皂。

地毯可以使用加了一点醋的水来清洗，能保持地毯的颜色。在用吸尘器清扫前，在有污渍的地方撒一些苏打粉。如果地毯闻起来味道不好，在整个表面撒些苏打粉，经放置 30 分钟后再用吸尘器清扫。

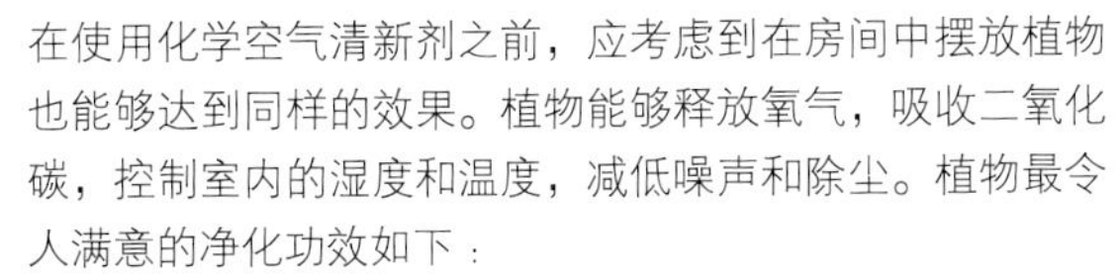

在使用化学空气清新剂之前，应考虑到在房间中摆放植物也能够达到同样的效果。植物能够释放氧气，吸收二氧化碳，控制室内的湿度和温度，减低噪声和除尘。植物最令人满意的净化功效如下：

- 龙血树：过滤甲醛和二甲苯。
- 帕尔梅拉：过滤甲醛和三氯化物。
- 仙人掌：吸收计算机辐射。
- 常春藤：过滤苯和甲醛，适宜放在计算机、传真机以及其他设备旁边。
- 金边吊兰：过滤 96% 的一氧化物、二甲苯和甲醛。

使用更少的化学制品清洁住宅

大多数传统清洁剂包含化学成分和对身体和环境有害的毒性物质。正如西方社会所理解的，发展和提高生活质量，似乎等同于享受很多消费产品提供给我们的便利，因此很多家庭在清洁各种家具表面时忽视了自然的处理方法，或者说化学清洁产品承担了太多它所应承担的范围之外的功能。我们进行家务清洁时，从没有担心过对水管中流出来的水资源造成的污染。

以下列出了一些我们的先辈们曾采用过的清洁方法，与现在的家居清洁方法相比，这些方法对环境将产生较小的影响。

概述

- 清洁剂必须是100%为生物所能降解的。
- 使用醋作为消毒剂、光亮剂和柔软剂。
- 使用柠檬汁来清洁金属表面使其光亮。
- 对香味保持怀疑态度。
- 避免使用气雾剂。
- 经常阅读产品说明标签：标签上有越多的有危害成分的标志，说明对我们的健康和环境越有害。
- 使用可清洗的抹布，避免使用一次性抹布和纸巾。

清洁剂	操作方法	避免事项
消毒剂	四分之一杯的硼砂加1pt（约0.57升）热水溶解，加桉树油	
祛锈剂	- 方案A：将等量的冷水和醋溶合，加入精油（迷迭香或薰衣草），如果是血渍，用碳酸钠代替醋 - 方案B：酒精或丙酮	氯化溶剂
全能清洁剂	将两大汤勺的硼砂和一大汤勺的肥皂粉溶解于四分之一杯的水中	
地板清洁剂	在水中添加柠檬、醋、硼砂或发面小苏打粉	
下水道清洁剂	推荐方法：将醋和发面小苏打粉倾倒在下水道内，停留几分钟，用沸水冲洗	氯化产品或酸性产品
空气净化剂	- 方案A：用肉桂皮、丁香花或薰衣草煨煮的水 - 方案B：一碗干花、花瓣或香料	

清洁对象	操作建议	避免事项
洗衣	- 使用能够产生氧离子的生态洗衣球，避免使用消毒剂和衣物柔软剂 - 如果生态洗衣球效果尚不够，可使用有生态标签的消毒剂 - 尽可能在阳光下晾干	如果居住地的天气允许，使用烘干机干燥
家具	用柠檬水（1 茶匙 /5ml）或橄榄油（1 杯 /250ml）擦拭	
浴室（浴盆、砖面和水池）	用沾有小苏打粉、硼砂或盐的海绵擦拭	
水管内部的水垢	将水垢刮去，再使用溶有醋或者盐的沸水冲洗。对于顽固水垢，使用不经稀释的醋	
镜子	使用温水和酒精喷洒的方法	
玻璃窗	使用肥皂和水清洗，再用甲醇湿润的报纸擦干	
软泥或霉菌	对于金属：使用醋 对于铜和黄铜：使用醋和盐	
小毛毯或地毯	用水添加一点醋清洗。如果有污渍，用苏打撒在污渍上停留 30min，再用吸尘器清理	
大理石	使用温和的肥皂和水清洗	与酸接触
木制拼花地板	用潮湿的布清理，立即干燥	- 长时间阳光直射 - 地板遇潮
竹制拼花地板	用布擦拭灰尘，如果有污渍，用溶有醋的水浸湿清理	
石材地板	使用水和醋清洗	
瓷砖地板	使用水和醋清洗	
软木地板	使用沸水加一些盐来清理，如果有污渍，使用醋清洗	
亚麻地毡	使用热水，添加醋和中性肥皂液	
铝制品	使用柠檬汁清洗	浸泡表面
钢铁制品	- 方案 A：除去灰尘，使用热油清理 - 方案 B：使用切开的半个洋葱清理顽固锈渍，然后用油擦拭	
铜制品	使用切开的半个洋葱清理，然后再用撒了盐的半个柠檬擦拭	
黄铜制品	使用柠檬汁清洗。如果很脏，用抹布蘸醋和盐擦拭	

建筑师、设计师和生产商名录

1+2 Architecture
Hobart, TAS, Australia
www.1plus2architecture.com

24H architecture
Rotterdam, The Netherlands
www.24h.eu

Agence Coste Architectures
Houdan, France
Montpellier, France
www.coste.fr

Altius Architecture
Toronto (Ontario, Canada)
www.altius.net

Álvaro Ramírez B
Santiago de Chile, Chile
www.ramirez-moletto.cl

Arkin Tilt Architects
Berkeley, CA, United States
www.arkintilt.com

Atelier Werner Schmidt
Trun, Switzerland
www.atelierwernerschmidt.ch

Carter + Burton
Berryville, VA, United States
www.carterburton.com

Clarisa Elton
Santiago de Chile, Chile
http://clarisaeltonarquitecta.blogspot.com/

Claudio Silvestrin Architects
London, United Kingdom
www.claudiosilvestrin.com

Dan Rockhill/Rockhill + Associates
Lecompton (Kansas, United States)
www.rockhillandassociates.com

Dietrich Schwarz
Domat/Ems, Switzerland
www.schwarz-architektur.ch

Fandi Meng
Shenzhen, China
www.fandimeng.com

FAR Frohn & Rojas
Cologne, Germany
Santiago de Chile, Chile
Los Angeles, CA, United States
www.f-a-r.net

Friman, Laaksonen Arkkitehdit Oy
Helsinki, Finland
www.fl-a.fi

Gernot Minke
Kassel, Germany
www.gernotminke.de

Giovanni D'Ambrosio
Rome, Italy
www.giovannidambrosio.com

GLASSX AG
Zurich, Switzerland
www.glassx.ch

Greenmeme
Los Angeles, CA, United States
www.greenmeme.com

Green Fortune AB
Estocolmo, Sweden
www.greenfortune.com

Greta Pasquini
Paris, France
g.doron@free.fr

John Friedman Alice Kimm Architects
Los Angeles, CA, United States
www.jfak.net

Kieran Timberlake Associates
Philadelphia, PA, United States
www.kierantimberlake.com

Kirkland Fraser Moor
Aldbury, United Kingdom
www.k-f-m.com

Luca Lancini
Barcelona, Spain
www.lucalancini.com

Marcio Kogan
São Paulo, Brazil
www.marciokogan.com.br

Mario Alberto Tapia Retama
Ciudad Obregon, Mexico
www.reciclajeecologico.ning.com

Markus Wespi Jérôme di Meuron Architekten
Caviano, Switzerland
www.wespidemeuron.ch

Martin Liefhebber/Breathe Architects
Toronto, Ontario, Canada
www.breathebyassociation.com

Michelle Kaufmann Studio
United States
www.michellekaufmann.com

MITHUN
Seattle, WA, United States
www.mithun.com

Nicola Tremacoldi/NM Arquitecte
Sant Cugat del Vallès, Spain
nicmanto@coac.net

Obie G. Bowman
Healdsburg, CA, United States
www.obiebowman.com

Olgga Architects
Paris, France
www.olgga.fr

OMD - a Jennifer Siegal company
Venice, CA, United States
www.designmobile.com

Petz Scholtus/Pöko Design
Barcelona, Spain
www.pokodesign.com
www.r3project.blogspot.com

Pich-Aguilera Arquitectos
Barcelona, Spain
www.picharchitects.com

Pugh + Scarpa
Santa Monica, CA, United States
www.pugh-scarpa.com

Rongen Architekten
Wassenberg, Germany
Erfurt, Germany
Düren, Germany
Chengdu, China
www.rongen-architekten.de

Sambuichi Architects
Hiroshima, Japan
samb@d2.dion.ne.jp

Siegel & Strain Architects
Emeryville, CA, United States
www.siegelstrain.com

Simon Swaney
Sydney, NSW, Australia

System Architects
New York, NY, United States
www.systemarchitects.com

Three House Company
Wollaston, United Kingdom
www.treehousecompany.com

Tonkin-Zulaikha-Greer Architects
Surry Hills, NSW, Australia
www.tzg.com.au

Verdickt & Verdickt architects
Antwerp, Belgium
www.verdicktenverdickt.be

Vicens + Ramos
Madrid, Spain
www.vicens-ramos.com

建筑师、设计师和生产商名录

ALQUI-ENVAS
www.alquienvas.com

alSol Technologías solares
www.alsol.es

Amorim Cork America
www.amorimcorkamerica.com

Andrea/LaboGroup
See www.andreaair.com for U.S. availability.

Armstrong
www.armstrong.com

Artquitect
www.artquitect.net

Auro Pflanzenchemie AG
www.auro.de

Bioklima Nature
www.bioklimanature.com

Bioteich/J.N. Jardins Naturels
www.bioteich.fr
Canada: mhudon@val-mar.ca

Belkin International Inc.
www.belkin.com

Cannabric
www.cannabric.com

Chromagen
c/o AO Smith
www.chromagen.biz

Compostadores
www.compostadores.com

Cosentino
www.cosentinonorthamerica.com

De'Longhi
www.delonghiusa.com

Delta Faucets
www.deltafaucet.com

Deutsche Steinzeug America, Inc.
www.deutsche-steinzeug.de

Dornbracht Americas Inc.
www.dornbracht.com

Ecoralia
www.ecoralia.com

EdilKamin
www.edilkamin.com

Efergy/Efermeter
www.efergy.com

Energy Inc.
www.theenergydetective.com

Envirolet/Sancor Industries Ltd.
www.sancorindustries.com

Forest Stewardship Council
www.fsc.org

Francisco Cumellas
www.franciscocumellas.es

Fratelli Spinelli
www.fratellispinelli.it

Hansgrohe Inc.
www.hansgrohe-usa.com

Hispalyt - Spanish Association of Manufacturers of Clay Bricks and Roofing Tiles
www.hispalyt.es

Home Energy International
www.homeenergyamericas.com

Hughie Products Pty. Ltd.
www.hughie.com.au

HYmini/MINIWIZ
www.hymini.com

Jaga Inc.
www.jaga-usa.com
www.jaga-canada.com

Lasentiu
www.lasentiu.com

Leopoldo Group Design
www.leopoldobcn.com

Listone Giordanó/Margaritelli Ibérica
www.listonegiordano.com

Keim Mineral Coatings of America
www.keim.com

nanimarquina
www.nanimarquina.com

Nousol Nuevas Energías
www.nousol.com

Orfessa
www.orfesa.net

Osram Sylvania
www.sylvania.com

Otto GRAF
www.graf-water.com

P3 International
www.p3international.com

Piera Ecocerámica
www.pieraecoceramica.com

Porcelanosa
www.porcelanosa-usa.com

Reviglass
www.reviglass.es

Roca Sanitario
www.roca.com

Runtal Radiators
www.runtalnorthamerica.com

Saunier Duval
www.saunierduval.es

Solar-Fizz
www.gartendusche.com

Solicima
www.soliclima.es

Sonkyo Energy
www.sonkyoenergy.com

Tres
www.tresgriferia.com

Tuka Bamboo
www.tukabambu.com

Turbo aire/Seabreeze Electric Corp.
www.seabreeze.ca

Verde 360
www.verde360.net

Weole Energy
www.weole-energy.com

Wicanders
www.wicanders.com

Zicla
www.zicla.com

在线资源

www.leed-homes.net
www.greenhomebuilding.com
www.dsireusa.org
www.eeba.org
www.greenroofs.org
www.terra.org
www.buildingtradesdir.com
www.coolroofs.org
www.greenbuildingadvisor.com
www.buildinggreen.com
www.cagbc.org
www.treehugger.com
eartheasy.com
www.enerworks.com
www.aceee.org
www.enviroharvest.ca
www.gaiam.com
www.watermiser.com
www.cgmi.org
www.houseneeds.com
www.awea.org

译后记

在当下全世界都把目光集中在人类生存环境可持续发展的形势下，对于生态绿色和健康居住环境的打造尤显重要。本书作者塞尔吉·科斯塔·杜兰先生是活跃在欧美的一位建筑工程师，他致力于推动生态和可持续建筑的发展，早在20世纪70年代就在美国出版了《生态化住宅》一书。

本书2010年由西班牙巴塞罗那的LOFT出版社出版。书中从大的生物气候学理念入手，结合住宅的建造和功能使用，从实用出发介绍了各种生态、绿色、环保和健康的建筑技术和材料，并通过性价比推荐了许多具操作性的选择，有很高的实用价值。本书不仅对生态住宅的研究有重要的参考价值，对住宅的设计者和广大使用者也有实用意义。

为使本书更早面世，在承担本书的译制工作后，即在短时间内加班加点工作。书中涉及许多新技术和材料，通过与我国时下绿色建筑技术与材料的相互关照以使其更贴近实际。为表达正确，对于已进入中国市场的为人们熟悉的设备制造商，在本书译出了其中文名称，而对于其他尚不为中国市场熟悉的则只列出英文名称。

在本书的翻译过程中，党悦、赵敏、郭洪兰等人给予了全力支持，并参加了部分文字的校译工作。窦以德先生对一些难点给予了指导和帮助。在此表示衷心感谢。

绿色生态建筑在我国如火如荼的推进中，但愿本书的内容对这一关系我国社会、经济和环境的可持续发展的领域能有所贡献。

窦强

2012年6月于北京